图说海洋

武鹏程◎主编

嬗变
原始海洋进化史

U0202199

海洋出版社

北 京

图书在版编目(CIP)数据

嬗变：原始海洋进化史/武鹏程主编. —北京：海洋出版社，2019.4

（图说海洋）

ISBN 978-7-5210-0327-7

Ⅰ.①嬗… Ⅱ.①武… Ⅲ.①古海洋学－普及读物 Ⅳ.①P736.22-49

中国版本图书馆CIP数据核字（2019）第038013号

嬗变
原始海洋进化史

总 策 划：刘 斌

责任编辑：刘 斌

责任校对：肖新民

责任印制：赵麟苏

排　　版：海洋计算机图书输出中心　申彪

出版发行：海洋出版社

地　　址：北京市海淀区大慧寺路8号（716房间）
　　　　　100081

经　　销：新华书店

技术支持：(010) 62100055

发 行 部：(010) 62174379（传真）　(010) 62132549
　　　　　(010) 68038093（邮购）　(010) 62100077

网　　址：www.oceanpress.com.cn

承　　印：北京朝阳印刷厂有限责任公司印刷

版　　次：2019年4月第1版
　　　　　2019年4月第1次印刷

开　　本：787mm×1092mm　　1/16

印　　张：12.75

字　　数：218千字

印　　数：1～4000册

定　　价：49.00元

本书如有印、装质量问题可与发行部调换

前 言

宇宙中的一次"意外事故"分离出了一些大大小小的星云团块，它们一边围绕太阳旋转，一边自转，这些星云团块之间互相碰撞、相互融合，由小变大，逐渐聚合成一个新的球体。这个球体没有海水，没有空气，只有没完没了爆发的火山和随意流淌的熔岩。在这之后的很长一段时间里，地球内部的物质开始熔解，"清轻者上浮而为天，重浊者下凝而为地"，这就是最原始的地球。

随后，由于地心的引力，水蒸气、毒气以及各种气体共同盘踞在地表之上，地球上空浓云密布、天昏地暗，这就是原始大气层。这些由水蒸气和尘埃组成的大气层，受温度的变化影响，将其中的水分析出，降落在地表，没完没了地下了几千万年。滔滔的洪水，通过地球上的千山万壑，在地势低的地方聚积，形成最原始的海洋。自此之后，地球从红彤彤的火球，变成了蓝汪汪的水球。

从此海洋与陆地间的争夺不断，造成板块的游离与气温的升降，几经循环，大约在 38 亿年前，在海底有了第一个海底热泉，也叫"黑烟囱"，当时的黑烟囱周围是否有如今喧闹的生命，人们不得而知。

海洋中的第一个生命到底从何而来？许多人给出了不同的答案，但最古老的单细胞生物化石成为最有力的证明：在距今 35 亿年前的海洋中，生命已经开始繁衍。

历经几许沧海桑田，24 亿年前，蓝细菌等微生物开始通过光合作用吸收二氧化碳并释放氧气，这是一个值得铭记的时期，正因为氧气的出现，为海洋中的生命提供了发育的温床，也正是从这时候开始，氧气开始出现在大气层中。由于受到太阳紫外线的照射，大气中形成了臭氧层，通过慢慢地积累，不断地加厚，终于为生命走上陆地、不惧怕太阳，提供了有力的保障。

本书从地球的形成讲起，到生物走向陆地为止，在原始地球与原始海洋的嬗变过程中，解读生命的轮回。有人说地球是生命的舞台，有登台，就会有退场。没错，生命的进化与海陆的变迁，造就了曾经称霸一方的海洋生物，如今许多早已灭绝，化为历史的尘埃。曾经的不可一世不值一提，只有经过灭亡的考验，存活至今才是真正的胜利者。

本书用通俗的语言讲述了原始海洋的变迁，用图说的方式呈现原始海洋中古老生物的美丽：三叶虫、奇虾、直壳鹦鹉螺、鲨……一个个有着独特的外形、与众不同的生物，带领我们遨游原始海洋。

本书由武鹏程主编，参与资料及图片整理的还有郑玉洁、刘美霞、田静宇、文英娟、孙洁、尤晓莉、武寅、赵海风、赵兴平、徐东生、晁福洲、刘忠杰、张宏连、宋义、赵义文、张钲名、姜彬鹏、雷璐、肖结石等。

2

目　录

第1章　混沌之初的火球

第2章　海洋诞生

第3章　海洋与陆地间的争夺

第4章　三叶虫时代的寒武纪

第5章　生物繁盛的奥陶纪

第6章 潜藏的志留纪

第7章 泥盆纪绚丽丰富的海洋鱼时代

第8章 走向陆地

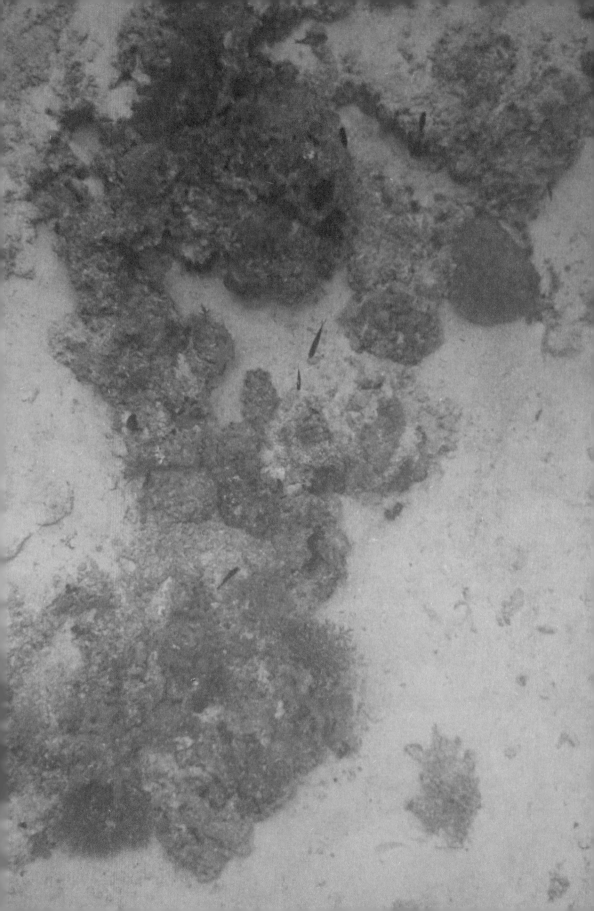

第 1 章
混沌之初的火球

Fireball at the Beginning of Chaos

大约在 46 亿年前，地球从最初的太阳星云中形成，诞生之初的地球，在持续的旋转和凝聚过程中，放射性物质不断蜕变生热，温度持续升高，形成了最初的地球的结构。这时候的地球，准确地说是火球，是一颗新生的星球。

第一节
最初的地球

❀ 因重力而结合的新球体

地球作为一个行星起源于 46 亿年以前的原始太阳星云，那时候没有天、没有地，没有宇宙，只有漂浮各处的物质粒子。

宇宙的形成

宇宙，从天文学上来讲，是指所有物质的总称。它的形成就像《道德经》中所说的那样："无中生有"。

在距今 140 亿年前，宇宙内的所存物质和能量都聚集到了一起，并浓缩成很小的体积，温度极高，密度极大，之后发生了大爆炸。大爆炸使物质四散逃逸，宇宙空间不断膨胀，随之温度也持续下降。后来，因为各种物质粒子的聚合，又相继在宇宙中出现了恒星、行星……

❧ [银河系星云图]
银河系是太阳系所在的棒旋星系，是个盘状的漩涡。中间最亮的部分，是星云最为密集的地方，再向两侧看，可以看到围绕银河中心的银河光晕，越靠近这个部分，球状星团的密度越大，数量越多，于是在它们围绕的那个点周围形成了一个球形的光晕，叫"银晕"。

地球的形成

太阳系形成初期，基本上所有物质都向太阳聚合，还有一些分散漂浮的物质碎片围绕着太阳旋转，由于这些杂乱的物质之间有快速吸合的引力，致使许多碎片频繁地发生碰撞，这些物质又经由相互间的引力重新聚合，逐渐形成了八大行星，地球就是其中的一颗行星。

起初，地球只是一团混沌的大尘埃，它们被引力聚合。原始地球温度很低，是一个均匀且无分层的行星，由于在旋转中不断捕获周围的星云物质，于是形成了自己的卫星——月球。

随着地球本身的凝聚、收缩，加上球体内部放射性物质 (比如铀、钍等物质) 的蜕变，使得地球球体温度不

✤ [阴阳八卦图]

阴阳八卦图描绘了《易经》中关于阴阳的理论。阴阳交感生万物，质能可以相互转换，但会维持相互平衡。从这一点来看，与银河系的星云图是否有点相似？

✤ [虫洞喷发说]

虫洞喷发说认为：人们现在所生存的宇宙起源于一次时空之门的开启。在许许多多平行宇宙中，有一个极其普通的平行宇宙，在这个宇宙中，质量最大的一个黑洞不断地吞噬宇宙中的其他天体，它的质量不断增大，大到其万有引力可以摧毁一切物质形态，首先将其核心变为能量体，能量逐渐积蓄，最终冲破其外壳，向外释放能量，形成虫洞，时空之门打开。当能量释放完全后，虫洞停止喷发，时空之门关闭。而喷出来的高能粒子，经过漫长的演变后，形成了人们现在所生存的宇宙。

断升高，当原始地球内的温度高到足以使铁、镍等元素熔融时，铁、镍等重物质元素迅速向地心集中，形成地核和地幔。随后地幔逐渐冷却固化，而那些易熔物质因其熔点和密度较低，逐渐上浮至球体表层，形成地壳。

原始地壳比较薄，而地球内部温度又很高，因此，火山频繁活动，喷发出镁铁质等物质组成的岩浆，冷凝后形成原始岩石圈。后来，地壳内长英质岩浆上升，生成的沉积岩开始褶皱，再后来，部分熔融的中长英质岩浆形成了原始大陆地壳，并开始生成变质岩，到此现代壳幔结构已然形成。

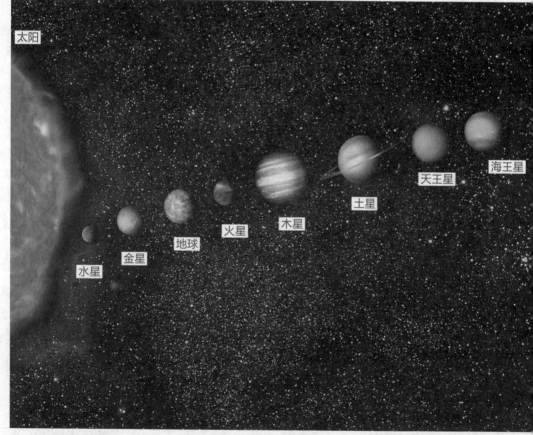

太阳
水星
金星
地球
火星
木星
土星
天王星
海王星

❧ [太阳系八大行星]

太阳系是以太阳为中心，和所有受到太阳的引力约束天体的集合体。包括了 8 大行星和 173 颗已知的卫星、5 颗已经辨认出来的矮行星和数以亿计的太阳系小天体。

地球最初的样子——尔塔阿雷火山

地球最初的样子或许大家无法想象，不过有一个地方保留着地球最初的模样，那就是位于东非大裂谷内的尔塔阿雷火山，它是地球上最古老的活火山，也是地球上最活跃的火山，更是如今地球上最热的地方。

尔塔阿雷火山自 1967 年有记录以来，频繁地爆发，喷涌着火红的如水般的岩浆，火山内部还伴随着轰隆隆的巨响，空气中充满了刺鼻的硫黄味道。这里没有陆地，没有海洋，只有到处流淌的熔岩，这就是地球最初的样子。

✤ 冥王星改为矮行星的原因是由于对行星的重新认识。新的天文发现不断使 9 大行星的说法受到质疑，而且冥王星所处的轨道在海王星之外，属于太阳系外围的柯伊伯带，这个区域一直是太阳系小行星和彗星诞生的地方，这个地区有许多更大的天体在围绕太阳运行。

✤ 家喻户晓的太阳系 9 大行星，在经过国际天文联合大会的投票后，决定将冥王星降级，而将其列为矮行星，所以就成为 8 大行星。

✤ [尔塔阿雷火山]

尔塔阿雷火山是世界上仅存的六大熔岩湖泊之一。除此之外，还有位于非洲的尼拉贡戈火山熔岩湖、位于美国夏威夷的基拉韦厄火山和瑟斯顿熔岩湖、位于南极洲的埃里伯斯火山熔岩湖、位于新西兰瓦努阿图的安布里姆火山熔岩湖。

🌿 陨石碰撞加剧地球的炽热

刚刚成形的地球，还没有紧凑的地质结构，又被天外飞来的大小不一的陨石撞击，这下简直是火上浇油，地球更加热了。

地球形成初期，到处都是火红的岩浆，是个充满岩浆的火红的巨大球体。

外界的宇宙中不断有更多的漂浮粒子，被太阳的引力吸引而来，它们的速度很快，体积大小不一，有些会无轨道地冲地球撞去，使得地球"伤痕累累"。如今，人们通过天文望远镜可以看到月球上有许多的陨坑，而最初地球形成的时候，地球所受到的撞击与月球相比，是它的千万倍甚至更多。这样的撞击，虽令地壳千沟万壑，但也为地球带来了更丰富和多元化的物质。

🌿 陨石也称"陨星"，是地球以外脱离原有运行轨道的宇宙流星或尘碎块飞快散落到地球或其他行星表面的未燃尽的石质、铁质或是石铁混合的物质。

🌿 [陨石撞击地球的剧照]

❧ [弗里德堡陨石坑－约翰内斯堡]

弗里德堡陨石坑在约翰内斯堡西南部约 96.6 千米处，是世界上最古老、最大的能够清晰可见的陨石坑。

黄金之城——约翰内斯堡

在地球上有几个特征最为显著的陨石坑，它们是地球最初形成过程的最好例证。比如在南非约翰内斯堡附近有一个巨大的"天坑"，一直以来人们都将这个大坑看作是古老的火山口。经科学家检测，这个大坑形成于 21 亿年前，是地球上目前已知的形成年代最久远的陨石坑。

正是由于陨石的撞击，这里原本深藏于地壳深处的金矿，被陨石撞击得底朝天，金矿直接暴露出地表，这便有了如今的"黄金之城"——约翰内斯堡。

❧ 传说约翰内斯堡是因一个流浪汉而兴起的城市。1886 年流浪汉哈里森流浪到当地一个农场做工。某日醉眼蓬松的哈里森被一块石头绊倒，于是恼怒的醉汉便拾起一块石头去砸它，砸碎的石头发出了金黄色的光芒，从此这个黄金矿床便被发现，哈里森也因为这次巧遇优先拥有勘探权，受益良多。

❧ [金矿博物馆－约翰内斯堡]

金矿博物馆位于约翰内斯堡的近郊，是世界上唯一的室外金矿博物馆。

第二节
地球伤疤
——东非大裂谷

🌼 东非大裂谷的形成

　　东非大裂谷是一道深入地球的伤疤，这里的地理环境是由周围独特的地势所造就的。有人说，了解东非大裂谷，就是了解地球的曾经。确实，在某些方面，东非大裂谷所呈现的地理、气候和物种等特点，犹如浓缩了地球一步步走过的历史。

🌿 东非大裂谷是地球上最深的峡谷，最深处达 2 千米以上。许多人一定以为那里充满了险峻、幽暗，可这个深度是相较于海平面而言的，真正走到大裂谷地区的时候，这里不是死寂惨淡的环境而是充满了生机与活力。

　　东非大裂谷位于非洲东部，是地球陆地上最大的断裂带，犹如一条伤疤，潜伏于地球表面，所以又被称为"地球伤疤"。东非大裂谷从地势到形成，再到气候，简直是原始地球的一个缩影。

🌿 [东非大裂谷的一段]

东非大裂谷的地理位置

乘飞机俯视非洲东部大陆时，人们能够看到这条犹如不规则三角形一般的裂痕。它的长度大约有地球周长的 1/6，大裂谷宽几十至 200 千米、深达 1 ～ 2 千米，分为东西两条：

东支流向：南起希雷河河口，经马拉维湖，北面纵贯东非高原中部和埃塞俄比亚高原中部，直达红海北端，全长约 5800 千米；

西支流向：南起马拉维湖西北端，经坦噶尼喀湖、基伍湖、蒙博托湖等，一直到苏丹境内的白尼罗河谷，全长 1700 多千米。

狭长的大裂谷，不仅造就了奇特的地理环境、风云变幻的气候条件，还蕴藏着丰富的地矿资源，并有着地球唯一现存的生物进化优势。

❧ [乞力马扎罗山]

乞力马扎罗山位于东非大裂谷以南约 160 千米，它素有"非洲屋脊"之称，而许多地理学家称它为"非洲之王"。该山的主体以典型火山曲线向下面的平原倾斜，平原的高度约海拔 900 米，山顶终年满布冰雪，四周都是山林，生活着众多哺乳动物，其中有些是濒危物种。

❧ 东非大裂谷是一座巨型天然蓄水池，非洲大部分湖泊都集中在这里，大大小小约有 30 来个，例如阿贝湖、沙拉湖、图尔卡纳湖、马加迪湖……

东非大裂谷的形成

在大约 1000 万年前，地壳的断裂作用形成了这一巨大的陷落带。根据板块漂移学说的理论，非洲东部正好处于地幔物质上升流动强烈的地带，在上升流作用下，东非地壳逐渐抬升，形成高流，而上升流则使周围地壳脆弱部分裂开，下陷成为裂谷带。不仅如此，根据这一理论还可以预测：若干万年后东非大裂谷必将继续扩张而导致非洲大陆一分为二，红海将扩张成为新的大洋。

这一预言已经成为学术界的主流观点，但人们更惊讶于大裂谷奇特的地理环境，因为以后的时间，人们将会看到一个不断变化的大裂谷。

 肯尼亚是东非大裂谷的最佳观赏地点。在肯尼亚境内，裂谷的轮廓非常清晰，它纵贯南北，将这个国家劈为两半，恰好与横穿全国的赤道相交叉，因此，肯尼亚获得了一个十分有趣的称号："东非十字架"。

❊ [世界上最大的峡谷——科罗拉多大峡谷]

了解了东非大裂谷的成因，再来看看科罗拉多大峡谷，它是由强烈的地壳运动和科罗拉多河经过数百万年以上的冲蚀而形成。东非大裂谷今后的发展趋势就会像科罗拉多大峡谷，被河水冲蚀后不断地加宽、变深。

✤ [地球上的东非大裂谷]

地球将形成第八大洲——东非洲

　　地球将形成第八大洲——东非洲，这个预测似乎要
演变成现实。在 1978 年 11 月 6 日，地处吉布提的阿法
尔三角区地表突然破裂，阿尔杜科巴火山在几分钟内突
然喷发，并把非洲大陆同阿拉伯半岛又分隔开 1.2 米；
之后的 2005 年 9 月，埃塞俄比亚北部某地的地面突然下
沉 3 米多，并迅速向两侧裂开，裂开的大洞足以将数头
骆驼和数只山羊吞没。在接下来的三周时间内，这个地
方发生了 160 次地震，形成一个宽 7.6 米、长约 540 多米
的大裂缝。

　　根据这一趋势，有地质学家预测，在未来的 100 万年，
裂缝将继续扩大，届时非洲一角将会从非洲大陆完全脱
离，形成地球上第八大洲——东非洲。

✤ 东非大裂谷由探险家约
翰·华特·古格里所命名，
它的详细地理位置以三角
形的三个点来描述的话，
南点在莫桑比克入海口，
西北点远到苏丹约旦河，
北点则可进入死海。

🌿 感受地球之初的炽热——尔塔阿雷火山

尔塔阿雷火山位于东非大裂谷的腹地，是一座天然的活火山，这里每天都有新的熔浆喷发，有着地狱之门的称号。

地狱之门：尔塔阿雷火山

🌿 尔塔阿雷火山有记录的上一次剧烈活动时是在2005年9月，当时的喷发导致250头牲畜死亡，并迫使附近居住的人迁离该地。此后在2007年8月，该火山也有小规模活动，并导致两个人失踪。而最近的活动是在2008年。

尔塔阿雷火山位于埃塞俄比亚东北部阿法尔州境内，是东非大裂谷达纳基勒洼地中的一个盾形火山，是埃塞俄比亚最活跃的火山之一，尔塔阿雷火山顶端的熔岩湖，则是地球上长期存在的六大熔岩湖之一。

尔塔阿雷火山炽热的岩浆像水一样形成了一个熔岩湖，就像最初的地球一样。湖中满是沸腾奔涌的岩浆，发出轰隆隆的恐怖声音，风中更是夹杂着刺鼻的硫黄味

🌿 [喷发的尔塔阿雷火山]

道，再配合着那泛着红光的巨大熔岩湖，景色着实令人感到惊艳、震撼，却也不难让人想象到这里一旦真的火山爆发，会是怎样一种毁天灭地的景象。

在地质学家眼中，这里是窥探地球形成奥秘的地方。刚成形的地球，就是这样一幅景象：

"球体表面处处都是喷发的火山，四处流淌着炽热的岩浆，并且不断有大大小小的陨石撞击地球，由于熔岩的高温，陨石犹如落在湖水中的石子一样，消失无踪……"

尔塔阿雷火山的形成

尔塔阿雷火山是早期地球遗留下来的一个斑痕，这个火山口形成于 45 亿年前。地幔中的高温，不断熔解能够熔解的一切，随着地幔内的温度和压力的上升，岩浆

❀ [尔塔阿雷火山岩]

火山岩地表是由岩浆经火山口喷出冷凝后而形成的。火山岩形态一般与地表形态比较协调，呈被状或层状。

冲破地壳，地幔内的压力释放之后，会形成一段时间的稳定，然后等待下一次压力的高潮，新一轮的岩浆就会随之而动。

可以想象，当时的地表就是被这样的物质覆盖，没有陆地，没有海洋，这就是地球最初的混沌火球的样子。

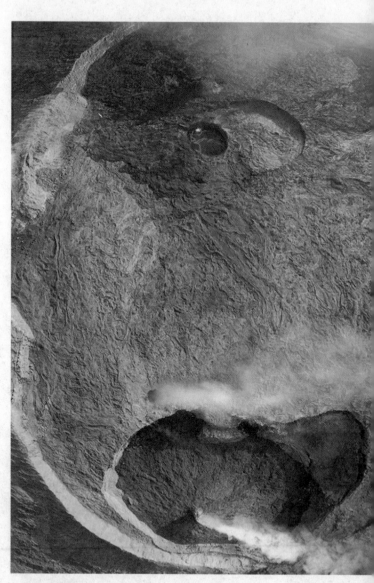

✤ [尔塔阿雷火山周边地貌]

第 2 章
海洋诞生

Ocean Birth

地球从一个火球变成了一个水球，形成了蓝汪汪的地表，这些水是从哪里来的？

在地球诞生的早期，由于大气层与水层的共同作用，形成了一个与众不同的地球。海水起源与变化，改变了地球，重塑了地表，同时也令这颗星球变得生机盎然。

✤ [从外太空望向地球]

从外太空望向地球，它就好像是一个水球，但是地球上的水比其他星球还是略有不足，比如木卫二、木卫三，它们的水量比地球多多了。

✤ 在太阳系的卫星中，"木卫三"是木星最大的卫星，也是太阳系中最大的卫星。根据哈勃望远镜的观测，这颗卫星蕴藏着一个巨大的地下海洋，液态水含量超过地球。

❀ 水从哪里来

水改造了地球，也提供了生命出现的机会，那么水是从哪里来的呢？

从炽热的火球，到如今几乎全被水覆盖的地球，到底经历了哪些变迁，而这些水是从哪里来的呢？对于这个问题，科学界争议不断，比较有说服力的说法有以下几种。

外源说

所谓外源说，是指地球上的水来自外部其他星球，可能是来自彗星和富含水的小行星。

彗星是比较知名的行星，因为它总是有着不确定的轨迹，常常出现与其他星球相撞的事故，所以作为地球人的我们，或多或少都知道，如果是它撞击地球，那些富含水分的陨石也就含有一定的水。因此，一些科学家认为彗星或许是地球水来源之一。

除了彗星之外，其他与彗星相似的小行星也在被科学家怀疑的行列，科学家认为，通过一次碰撞，地球可以聚合对方千分之一的水分，如果真是这样，在地球形成的早期，与小行星的碰撞非常频繁，水源的确会很快聚集。

自来"水"

所谓自来"水"，指的是从地幔和地核处挤压而出的水。

高热的地核能够熔解岩石，它所形成的高压的环境，将来自地幔中的水分挤出，应该也不是难事。高热又将水变成水蒸气，与火山岩一起喷出，构成了原始的大气层。加之火山频频爆发，喷出的大量尘埃和灰烬，锁住了大气层中的水蒸气，当气温下降，水蒸气就以雨水的形式重新落回地表，使得地表降温，然后渗入地下。

地球排出的水蒸气越多，大气层里的水分就越多，汇聚地表的液态水也就越多，就这样周而复始，大概到42亿年前，地球的海洋世界已经基本成型。

❈ [《地心历险记》- 剧照]

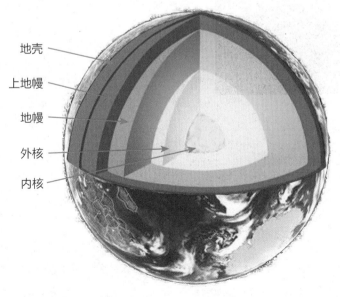

地壳
上地幔
地幔
外核
内核

❈ 按照目前最科学的观点来看，17千米厚度的地壳之下是厚度2885千米的上下地幔，地幔之下就是厚度达到3486千米的地核，虽然有了这样的数据，但是这里对于人们来说都是陌生和不可触碰的。

❈ [地球内部的基本结构]

🌿 大气层与原始海洋

地表有水了，但是地球上却还是如同末日降临，一边有粗暴的火山肆虐，一边还有蒸腾的岩浆，还有漂浮在地表上面的浓雾……

地球诞生之初，虽然没有生物，但也非常热闹。地表上层的火山此起彼伏地喷出炽热的岩浆，将水蒸气、二氧化碳、氮气和二氧化硫等气体喷向天空。原始地球的火山喷发绝对不像今天的火山那样"温柔"，它们以撕裂大地般的暴烈，吞噬着地球表面。

粗暴的火山

这些喷射而出的岩浆，可以把岩石碎块或火山渣喷到 160 千米乃至更高的天空。那时的天空根本没有大气层，这些物质只能飘飘洒洒地落在火山口周围，堆积成高大的火山锥。可随着火山一次次地喷发，火山周围的地表越来越薄，火山锥越来越大，就会压垮火山，形成一个巨大的缺口，之后炽热的岩浆从里面流出来，形成一个岩浆池塘，就像前面说过的尔塔阿雷火山一样。

当岩浆聚集得越来越多的时候，就会从池塘流出，像水一样流淌到各处，之后温度慢慢降低，不断地冷却，最终形成了厚厚的玄武岩地表。

最早的大气层

到了约 42 亿年前，大量陨石、小行星开始撞击地球，陨石和小行星的碰撞给地球带来了丰富而多元化的物质，

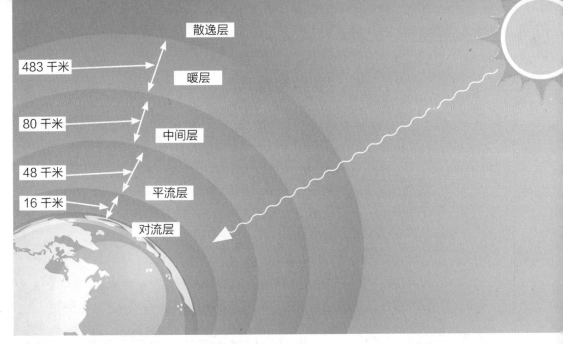

散逸层

483 千米

暖层

80 千米

中间层

48 千米

16 千米

平流层

对流层

这些物质也使得火山喷出的气体的种类变得丰富，其中有大量的水蒸气包裹着的二氧化碳，构成了最早的大气层。

原始海洋逐渐形成

由于早期地球二氧化碳的含量高居不下，缔造了地球第一次严重的温室效应，随后经过 2 亿年的冷却，天空中的水蒸气终于以暴雨的形式降落在地表，滔滔不绝的洪水淹没了陨石坑和火山口。之后，雨水夹杂着碎石冲刷着大地，形成了巨大的山谷。

又经过几千年的暴雨和洪水的洗刷，天空逐渐晴朗，地面被水浸没，一座座小岛和火山浮在水面之上，水成了地球的主角。

水通过循环，将大量的金属溶解在其中；岩石在风化的作用下形成沙石、黏土和碳酸盐，这些都汇入了大海，因此，海水的盐分在不断地增加。

原始海洋就逐渐形成了。

❀ [大气层分层]

在地球引力作用下，大量气体聚集在地球周围，形成数千千米的大气层。大气层会因地面高度的增加而变得越来越稀薄。

❀ [大气层]

🌿 重塑地球

随着地表水越来越多，地球这个炽热的火球也因为水的原因，地表温度逐渐开始下降，地壳经过冷却定型之后，就像个风干了的苹果表面，皱纹密布，凹凸不平。高山、平原、河床、海盆……各种地形一应俱全。从此之后，地球就从一个炽热的火球变成了一个水汪汪的蓝色星球。

原始海洋形成之后，覆盖了地球表面，它一边汇聚着更多水，一边开始调节着地球的气温。

海洋对地球大气系统热平衡具有重要影响

海洋可以承接来自太阳 70% 左右的辐射，其中 85% 的辐射会被存储在表层的海水中。被存储的太阳辐射将以潜热、长波辐射和感热交换等形式，输送给大气，从而驱动大气的运动。所以海洋是大气热量的主要供应者。

🌿 如果地球 100 米厚的表层海水降温 1 摄氏度，释放出的热量可以使全球大气层温度上升 60 摄氏度。

🌿 [水－气、冷－热交换示意图]

传递热量：海水因为太阳的照射而升温，然后通过长波辐射的形式，将热量传递给大气。

水－气转换：海水的蒸发带走热量，这些热量随着水汽进入大气中，当水汽凝结时，将它从海洋吸收的热量释放出来。这是水－气热量输送的主要途径。

海洋能够对全球水汽循环系统产生影响

众所周知，海洋中存储了地球几乎全部的液态水，大气中的水汽含量约占总水量的 0.001%，陆地上的水含量约占总水量 3%。

海水在蒸发时会增加大气中水汽的含量。海洋的蒸发量大约占地球地表总蒸发量的 84%，换算下来，约可以把 36 000 亿立方米 (约 60 条亚马孙河的水量) 的水转化为水蒸气。

❀ [暴雨后的海洋]

海洋对大气运动具有重要的调节作用

海洋具有巨大的热惯性。这是一个非常明显的特点，要想了解这个就必须要先搞清楚什么是热惯性？

从中学物理课中，我们学过惯性的概念，惯性指的是物体保持运动状态不变的属性。举个例子来说，在踢足球时，脚对足球施加了力量，足球开始滚动，因为球体自身的惯性，它将不停地滚动，直到被外力所制止。

❀ [海洋与人类活动]

二氧化碳层

❧ 形成温室效应的原因是，大气中的二氧化碳，它就像一层厚厚的玻璃，使地球变成了一个大暖房，如果没有大气，地表平均温度就会下降到 -23℃，而实际地表平均温度为 15℃，温室效应能使地表温度提高 38℃。

而热惯性就是指温度慢慢降低的属性。举个例子，在用锅具做饭时，饭烧好了，关掉燃气后，锅具还会继续加热一段时间，才会逐渐冷却下来，这就是热惯性。将这个理论应用在海洋上，因为其庞大的体积，加上水量的巨大，这种热惯性的影响力也变得非常巨大。

据估算，1 克海水升高 1℃，所需热量为 3.9 焦耳。将其与同质量的土壤相比，如果对 1 克土壤消耗 3.9 焦耳的热量，那么土壤将会升高 1.9℃；如果对 1 克空气消耗 3.9 焦耳的热量，那么空气将会升高 3.9℃。由此可见，海洋是一个巨大的热量存储器。

正因为有了这个存储器，当太阳暴晒时，热量就会被存储在海洋中，随着温度的下降，存储的热量又会被一点点地释放出来，所以形成了地球上舒适的温度，而不会像月球上那样，冷的时候冻死，热的时候热死。

海洋对温室效应具有调节作用

温室效应又称"花房效应"，是大气保温效应的俗称。当太阳照射到地面，短波辐射使地表升温，而长波热辐射则被大气层吸收，这样，地表与低层大气层就像是栽培农作物的温室，所以得名"温室效应"。

早期生命因为温室效应，得以慢慢进化，可是到了工业革命之后，大气中的二氧化碳含量持续增加，地球的温度也随着持续增加，这样地球温度就有些过于高了。随着不断的科学探索，海洋中有些生命能够将海水中游离的碳分子进行转移和再加工，从而能缓解和降低温室效应，如樽海鞘吃海洋表面利用二氧化碳生长的浮游植物，其排泄物变成碳沉入海底，有助于消除来自海洋和大气层的二氧化碳。所以说，海洋对温室效应具有很强的调节作用。

第 3 章
海洋与陆地间的争夺

Competition Between Oceans and Land

海洋与陆地不断相互作用，此消彼长，让地球每时每刻都在变化，这就是著名的威尔逊旋回理论。

海洋与陆地的争夺过程，就是海洋的生命周期过程，有幼年期的持续扩张，也有衰退期的不断消退，就如同人的生命一样，不管曾经如何绚烂，都将有走向死亡的那一刻。

第一节
威尔逊旋回

❧ 胚胎期——东非大裂谷

胚胎期指的是在陆壳基础上因拉张开裂形成大陆裂谷，但尚未形成海洋环境。

威尔逊旋回过程一共分为6个阶段：胚胎期、幼年期、成年期、衰退期、终结期、遗痕期。大洋的演化呈现为张开和关闭的旋回形式，主宰了地球表层活动和演化，体现了板块构造的精髓。

海洋与陆地的争夺，首先是陆地对自己的撕裂，呈现出来的地质构造就是裂谷。裂谷是由地球板块的垂直运动形成的，现今规模最大的裂谷都发育在各大洋盆的洋中脊上，裂谷形态保持良好，特征明显。

陆地裂谷按形成方式的不同，可以分为主动裂谷和被动裂谷两种。主动裂谷是由于地幔的上升热对流长期作用，使大陆岩石圈逐渐变薄、上隆而致破裂，然后出现坳陷而成裂谷，如东非大裂谷、红海亚丁湾；被动裂谷则是由于地壳的伸展作用或剪切作用，使岩石圈减薄、破裂而导致裂谷的形成。

❧ 科学家预测 100 万年后，非洲三角将彻底脱离非洲大陆，脱离后被海洋隔开，那个海洋就是大洋的胚胎期。

地壳

地幔

❧ [胚胎期陆地变化]
在陆壳基础上因拉张开裂形成大陆裂谷，但尚未形成海洋环境。

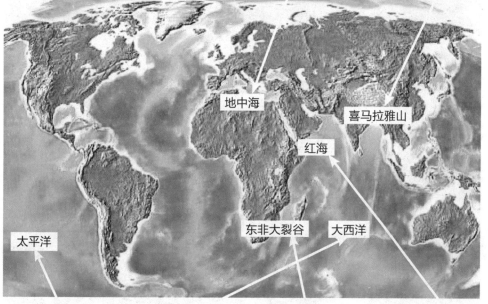

地中海

喜马拉雅山

红海

东非大裂谷　　大西洋

太平洋

东非大裂谷

　　非洲大部分地区位于非洲板块上，但非洲东部有一个长长的纵向区域在索马里板块上，所以这里广泛分布着许多大断裂，并且这种断裂还在不断生长，比如东非大裂谷。

　　根据地质学家的推测，东非大裂谷处于非洲板块和印度洋板块的交界处，大约 3000 万年以前，两个板块张列拉伸，并且当时的地壳处于大运动时期，整个区域都出现了抬升现象，地壳下面的地幔上升分流，产生巨大的张力，正是在这种张力之下，地壳发生了大断裂，从而形成了大裂谷。

❦ [东非大裂谷风景——塞伦盖蒂国家公园]

这个公园因动物一年一度大迁徙而闻名，迁徙时有 600 万动物的蹄践踏开阔的平原，20 万多只斑马和 30 万只汤氏瞪羚，均为寻找鲜嫩的牧草而加入牛羚的跋涉队伍。然而，迁徙过后，塞伦盖蒂又展现出作为非洲最引人注目的动物保护区的本色：大群水牛、小群的大象和长颈鹿，数千只转角牛羚、东非狷羚、黑斑羚和葛氏瞪羚，景象壮观。

❀ [东非大裂谷被撕裂的地况]

科罗拉多大峡谷

如果说东非大裂谷是一种主动裂谷，那么科罗拉多大峡谷就可以看成是被动裂谷的典型。

科罗拉多大峡谷位于美国科罗拉多高原的西南部，全长 446 千米，平均宽度 16 千米，最深处 2133 米。时至今日，地质学家们还在争论这个峡谷的形成，目前，相对统一的理论是：大约在 1700 万年以前，科罗拉多河开始腐蚀岩石层并向前奔腾开山劈道，然后继续扩大和深化渠道，同时冰河世纪的地壳运动加剧了峡谷的形成。

❀ [科罗拉多大峡谷地况]

❦ [冰岛地貌]

由于冰岛位于美洲板块和亚
欧板块的边界地带，两大板
块的交界线从西南向东北斜
穿全岛。活跃的地壳运动、
复杂的地形地貌造就了冰岛
丰富的地热资源。所以到处
可见上图这种冒烟的情况。

海底裂谷

在海底也存在着数不清的裂谷，而人们能够看见的
只有裂谷形成后的地质变化，比如冰岛。

冰岛的形成就是由于地壳运动产生板块漂移，大陆
板块中不稳定的地方开裂，地下岩浆迸发而成。首先，
冰岛是由于周期性的海底岩浆活动和火山喷发而形成的
火山岛。在大西洋中脊裂谷带上，海底火山周期性喷发，
中央海岭不断从海底隆升，形成新的海岛。冰岛就是其
中最大的一个海岛。这一点在组成冰岛的岩石上有很好
的体现，因为冰岛上的岩石都是火山岩，尤其以玄武岩
分布最广，另外还有些安山岩、流纹岩等。

另外，冰岛拥有世界上最多的火山，在它不到 10.3
万平方千米的国土上，大大小小的分布着 130 多座火山，

不仅如此，从历史上有文字记录以来，其中 30 座火山就爆发了 125 次。在火山的环抱下，岩浆缓慢涌出并持续漫延，一层层地铺就了这样的大地，冰岛就屹立在 6400 米厚的玄武岩地层上。

裂谷在板块构造学中是大陆崩裂、大洋开启的初始阶段，是洋盆的雏形。经历裂谷的重塑之后，海水就会来到这里，并进入下一个阶段：幼年期。

❦ 威尔逊旋回（Wilson swirled）是指大陆岩石圈在水平方向上的彼此分离与拼合运动的一次全过程。即大陆岩石圈由崩裂开始、以裂谷为生长中心的雏形洋区渐次形成洋中脊、扩散出现洋盆进而成为大洋盆，而后大洋岩石圈向两侧的大陆岩石圈下俯冲、消亡，洋壳进入地幔而重熔，从而洋盆缩小；或发生大陆渐次接近、碰撞，出现造山带，遂拼合成陆的过程。1974 年由 J.F. 杜威和 K.C.A. 伯克提出。为纪念加拿大地质学家 J.T. 威尔逊而命名。

❦ [冰原 – 冰岛]
冰岛因靠近北极圈边缘，所以气候非常寒冷，它的国土 1/8 被冰川覆盖，冰川面积占 1.3 万平方千米。

🌿 幼年期——出现洋壳

当地质变化，在陆地出现了洋壳之后，就意味着海洋开始出现，就像如今成长中的红海一样。

洋壳是大洋地壳的简称，又称海洋地壳。出现洋壳就意味着海洋的第一步成形。这时期的海洋是幼年的海洋，比如如今的红海。

红海的形成

红海是非洲东北部和阿拉伯半岛之间的狭长海域。它是沟通欧亚两大洲，连接印度洋与地中海的天然水道，每年都有成千上万艘船只从这里通过。古希腊人将这里称为THALASSAERYTHRAE，翻译过来即"红色的海洋"。因为海洋正常时的颜色多为蓝绿色，而红海内的红藻会随季节发生大量繁殖，使整个海水看上去像红褐色，因而叫它红海。

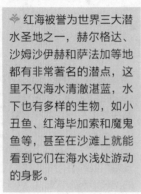

🌿 红海被誉为世界三大潜水圣地之一，赫尔格达、沙姆沙伊赫和萨法加等地都有非常著名的潜点，这里不仅海水清澈湛蓝，水下也有多样的生物，如小丑鱼、红海毕加索和魔鬼鱼等，甚至在沙滩上就能看到它们在海水浅处游动的身影。

🌿 [红海]

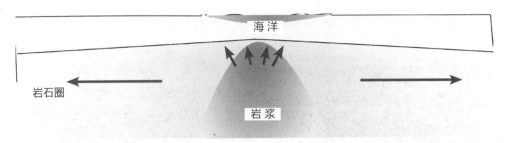

在 2000 万年前，由于非洲与阿拉伯半岛两个板块漂移和彼此分离，红海北部海域首先形成。之后在距今 300 万 ~ 400 万年前，红海的中轴地壳发生断裂，海水入侵，出现了亚喀巴湾及南部海域。红海的海底持续扩张，裂谷不断拓宽，红海中轴处的新生洋壳不断将古老岩石的基底向两侧推移，于是红海也不断扩大，逐步形成了今天红海的模样。

❋ [幼年期海洋变化]
陆壳继续开裂，开始出现狭窄的海湾，局部已经出现洋壳。

成长的红海

根据科学家的研究，红海今后还将不断扩大，因为它还处于发育的初期阶段，目前它每年向两侧扩张 2 厘米，将阿拉伯半岛向亚洲压挤。如果照此发展下去，2500 万年之后，波斯湾会消失，而沙特阿拉伯将与伊朗碰撞在一起，红海将成为地球上新的大洋。

当然，这种推论也有反对的声音。反对者认为，即使红海今天的扩张运动一直在进行，但却无法保证海底扩张会一直持续下去。因为在以往漫长的地壳发展中，有的板块不停地移动，最后形成了大洋；有的板块则在移动过程中，受到其他板块的阻挡，中途停止了移动，并未形成大洋。

❋ [红海 – 海底沉船]
红海是重要的石油输送航道，所以在"二战"时有许多海战在此爆发，海底自然就有了不少沉船，这里成为众多潜水寻宝人喜爱的潜水地。

❧ [辛格韦利国家公园－冰岛洋中脊]

辛格韦利国家公园位于美洲板块和亚欧板块碰撞的大裂缝位置，据说亚欧板块的大裂缝还每年在以 2 厘米的速度不断扩大，在这里每年都有很多次可探测的地震发生。而且保留着现如今最完整的洋中脊。

🌏 成年期——大洋中脊形成

大洋中脊，顾名思义，就是大洋中间的巨大脊梁，它形象地说明了大洋中脊的外观特征。一旦形成了这条脊梁，就标志着海洋到达了成熟期，比如大西洋。

大洋中脊又叫作大洋中隆或大洋中央海岭，是指隆起于洋底中部，并贯穿整个地球各大洋的、地球上最长最宽的环球性大洋山系。大洋中脊中的裂谷带虽然在悄无声息之下被转换断层截断开，但仍明显地呈现连贯分布。

大西洋是一个年轻的海洋，它是由于大陆漂移引起美洲大陆、欧洲大陆和非洲大陆分离后而形成的。大约在距今 2 亿年前，聚合的板块开始漂移，到了约距今9000 万年前，陆地表层的海水南北交汇，底部横亘着几千千米的海岭，渐渐的，海岭被地幔的岩浆不断地上推，

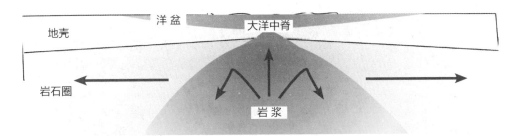

岩石圈

岩浆

浮出海面的变成了岩石。海岭不断被上推，就不断形成新的岩石，新的岩石不断把旧的岩石向两边推移，大西洋的海底面积不断扩大，北部大西洋同地中海相通，南部地中海与太平洋相通，到了距今约 7000 万年前，南北才完全贯通，就形成了大西洋。

❦ [成年期海洋变化]
由于大洋中脊向两侧不断增生，海洋边缘又未出现俯冲、消减现象，所以大洋迅速扩张。

海底巨型山脉——大西洋中脊

大西洋中脊从靠近北极圈的冰岛向南延伸经大西洋中部，弯曲延伸到南极附近的布维岛，这条中脊差不多从地球的最北端，一直延伸到地球的最南端，整体呈 S 形，长度达 1.5 万千米，这样的巨型山脉是陆地上任何山脉都无法比拟的。

今天，人们已经通过先进的技术手段查明，大西洋洋中脊从洋底测量起，其高度平均为 2000 多米，如果与相邻的海盆相比，它的相对高度达 2000 ~ 3000 米，巍峨壮观。在一些地方，这些洋脊的峰顶甚至钻出海面，形成了大西洋上串珠般的群岛，像有名的冰岛、亚速尔群岛、圣赫勒拿岛、阿松森岛和特里斯－达摩尼亚群岛都处在大西洋中脊上。

❦ 传说 12 000 多年以前，有座亚特兰蒂斯岛（大西洲），建立在岛上的亚特兰蒂斯王国曾征服过埃及与北非地区；在与希腊人作战后，亚特兰蒂斯人退回了自己的国土。后由于火山、地震的突然爆发，仅一日一夜的工夫，这块陆地便沉入了大西洋海底。

大西洋中脊大裂谷

如此庞大的海底山脉，却在洋中脊中轴部位如同被一把剪刀切断，形成了一条很深的裂谷。大裂谷中央完全没有或者只有很薄一层沉积物，这在地质学家眼中可不得了，因为这意味着这个区域的洋底是由新形成的岩石构成的，也就是说是个"新生地带"。

❖ 印度洋是如何形成的？

根据板块构造学说的观点，印度洋形成于距今 2 亿年前，那时的泛大陆开始漂移，形成了澳大利亚大陆、南极大陆和亚欧大陆等板块，后来澳大利亚大陆又再次分裂，形成了独立的印度洋板块。之后，印度洋板块开始快速的向北漂移，大约在 4500 万年前开始，印度洋板块与亚欧大陆相撞，高出海面的部分形成了今天的喜马拉雅山系和青藏高原，在海底留下了巨大的裂痕和海岭。印度洋是世界上的第三大洋，它的面积不足太平洋的 1/2，比大西洋小 1/5。大约覆盖了 7400 万平方千米，平均深度约为 3840 米。目前印度洋的最深处在爪哇海沟，深度为 7125 米。

对此科学家进行了勘测，他们通过潜水器看到，大西洋底部基岩就像是一个破损的鸡蛋，而流出的蛋液就是岩浆，与海底的海水接触后，瞬间就冷凝了似的，形成一个个奇形怪状的基岩。实际上这是海底火山喷发所导致的。在平静的海面之下，一团团岩浆从地球深处被挤压出来，当它和极冰的海水接触时，瞬间就会在它周

❖ [大西洋平静的海面]

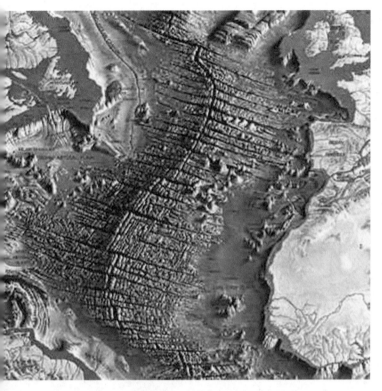

❦ [洋中脊地质图]
洋脊隆起于洋底中部，并贯穿整个世界大洋，也是伴有地震和火山活动的巨大海底山系。它纵贯太平洋、印度洋、大西洋和北冰洋，彼此相连，总长约8万千米，为地球上最长最大的山系。

第 3 章　海洋与陆地间的争夺

围形成一层外壳，后来外壳破了，里面的熔浆再次向外流出，于是才形成了这种外观。

不仅如此，科学家在对裂谷底部的岩石做了详细地研究后证实，这里的岩石非常年轻，尚不足1万年。这也就是说，大西洋底部裂谷还在不断地增大，南大西洋洋底自6500万年以来，一直以平均每年4厘米的速度向两侧分离开来。

洋中脊是由海底扩张、热地幔物质沿脊轴不断上升形成的新洋壳，所以中脊顶部的热流值很高，火山活动频繁，然后将洋壳不断地升高，隆起的中脊就是地下物质热膨胀的结果。在地幔对流带动下，新洋壳自脊轴向两侧扩张推移。在扩张和冷却的过程中，物质也不断冷凝，转化为岩石圈，日积月累，岩石圈不断增厚，于是逐渐形成轴高两翼低的巨大海底山系。这一过程是缓慢的，不断积累的，但却又不断变化的。

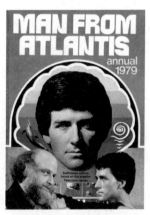

MAN FROM ATLANTIS
annual 1979

❦ [《来自大西洋底的人》- 剧照]
大西洋底有什么，在很早的时候科学家就对它好奇，但由于技术尚未成熟，所以一直未能如愿。其实对其好奇的不仅有科学家还有艺术家。于是就有了上面的这部电影，讲述了一个来自大西洋底的人的故事。

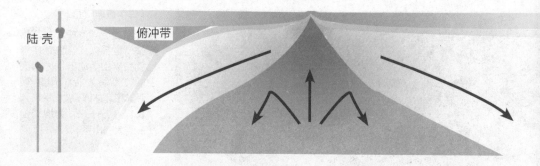

陆壳　　俯冲带

❁ [衰退期海洋变化]

这一阶段，大洋中脊依旧不断形成新的洋壳，但是在大洋边缘，洋壳向陆壳俯冲加快，于是，大洋开始萎缩。目前世界上最大的大洋——太平洋就正处于衰退期。

❁ 衰退期——太平洋

洋壳盆地到了衰退阶段时，就会出现总面积在缩小，扩张力被消减的情况，比如太平洋。

随着地质的变化，洋壳盆地到了衰退阶段后，海洋就不会再扩大，而且会呈现逐渐缩小的情形，比如太平洋。

太平洋是世界上最大、最深、边缘海和岛屿最多的大洋。它位于亚洲、大洋洲、南极洲和南北美洲之间。

太平洋的形成

麦哲伦环球航行经过太平洋时，发现这里碧波浩荡、风平浪静，所以将其取名为太平洋，这个名字也一直被沿用至今。地球上如此浩瀚而深邃的大洋是怎样形成的？

❁ [麦哲伦航行于太平洋的船只"维多利亚"号]

麦哲伦在太平洋航行了 3 个月，居然一次也未遇到暴风和巨浪的袭击，一路顺风，终于在 1521 年 3 月 28 日船队驶抵菲律宾棉兰老岛，而"太平洋"的名称也因此为世界所公认。

对此，科学家众说纷纭，比较主流的有以下 2 种说法。

太阳引力说：这一说法来自达尔文的儿子乔治·达尔文。他认为，40 亿年前，当地球物质还处于半固溶体状态时，在太阳的引力作用下，其表面产生了类似海洋潮汐的现象。在某一宇宙外来彗星掠过时附加了一个引力的作用下，地球丢失了一大块物质，但又在重力场之内形成了月球。地球上少了一大块的凹坑，就是现今的太平洋。

46 亿年前地球才形成，按照乔治·达尔文的说法，40 亿年前形成了太平洋，那么，这套理论有依据吗？这个看似很玄幻的假说，在当时受到了许多人的反驳和抨击，后来在 1969 年，美国"阿波罗"号登陆月球之后，通过对月球岩石采样分析，证明月球的岩石与太平洋周边组成的岩石成分含量相符。到目前为止尚未发现不同于地球的元素，并且经过放射性测定，其年代与地球同龄。这些证据，充分证明了乔治·达尔文的假说是正确的。

❦ [月球表面的坑洼]

月亮表面上坑坑洼洼的地方，都是陨石撞击形成的陨石坑，大的叫环形山。普遍认为，塑造月球表面形态的主要因素是：小型宇宙天体物质（小行星、彗星、流星等）冲击、熔岩喷发，以及剧烈的温度变化、太阳风的不断冲击等。

❦ [海底陨石坑]

陨石坑是行星、卫星、小行星或其他天体表面通过陨石撞击而形成的环形的凹坑，直径超过 4 千米的陨石坑中心可能会形成中心锥，陨石坑内可能会因降雨等原因充水形成撞击湖。

❧ [南太平洋美景——大堡礁]

❧ 亚特兰蒂斯可谓是闻名遐迩的传说级文明，它是高度发达的古老大陆，据说曾位于大西洋上，后被史前大洪水所毁灭。而如今南马都尔的遗址颇有几分神奇，在传说中这座城市是由魔法建造而成。它建于一座环礁湖之上，由 12 个防波堤保护着，被称为"太平洋上的威尼斯"，堪称建筑奇迹。它的发现令人再次对亚特兰蒂斯的存在燃起希望。

陨石撞击说：2002 年 8 月有报道称，英国石油公司的地质学家们在离英国海岸 140 千米的北海海底勘探石油时，发现了一个陨石坑。这个陨石坑可不简单，因为它隐藏在水深 40 米和 300 ~ 1500 米厚的洋壳之下，不仅如此，在距陨石坑中心 2 ~ 10 千米的地方还环绕有 10 多条奇特断层带。

据英国石油公司的地质学家们分析，陨石坑出现在 6000 万 ~ 6500 万年前，被撞击的是北海海底的沉积岩，被撞击的其中一部分岩层是尚未完全固结的白垩纪沉积岩，撞击导致了上部岩层产生脱落，滑入陨石坑的开阔中央地带，形成环状断层。由此，科学家认为，太平洋有可能是被陨石撞击之后，再由板块断裂而形成。

衰退的太平洋

太平洋是最古老的海洋。随着大西洋和印度洋的张开，太平洋势力产生强烈的海底消亡而趋向收缩。有些学者认为自 1.8 亿年前后，虽然太平洋有海底扩张，但是洋盆却没有再扩大，自那时起，最早的古大洋就萎缩成了如今的太平洋，而它的面积或许已经缩减了 1/3。

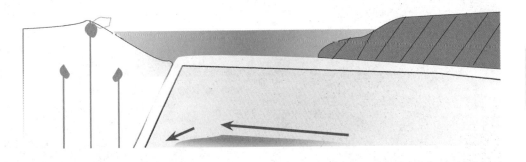

🌱 终了期——地中海

洋壳盆地到了终了期之后，会不断缩小，相邻的两块陆壳地块也会不断地逼近，就像地中海。

洋盆的寿命走到终了期后，就像人类到了耄耋之年，如今的地中海正处于这个时期。

地中海是最古老的海之一，并且由于四周全部被陆地包围：北面是欧洲大陆国；南面是非洲大陆；东面是亚洲大陆；西面则是欧洲大陆和非洲大陆的连接处，所以它是世界上最大的陆间海。

❧ [终了期海洋变化]

洋壳进一步缩小，两岸大陆进一步逼近，其间仅存残余洋盆，就像现在的地中海。并且，地中海被认为是西特提斯海（也就是我们要讲的特提斯海的西部）的残余。

❧ 最早犹太人和古希腊人简称地中海为"海"或"大海"。后因古代人们仅知此海位于三大洲之间，故称之为"地中海"。

冈瓦纳古大陆

特提斯海

❧ [3 亿年前的地球模拟图]
在距今约 3 亿年前，特提斯海初现，上图正值幼年期，其后经过变化，这一片都是特提斯海的范围。

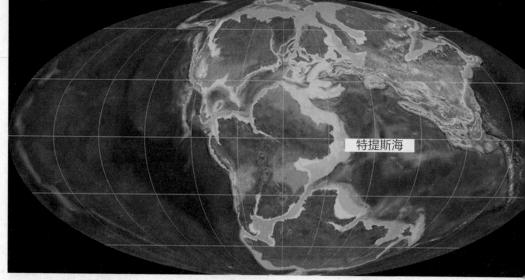

特提斯海

❋ [特提斯海成型模拟图]

沧海桑田，二叠纪时，青藏高原是波涛汹涌的辽阔海洋。这个海横贯欧亚大陆的南部地区，与北非、南欧、西亚和东南亚的海域沟通，称为"特提斯海"，或"古地中海"。当时特提斯海地区的气候非常温暖，是海生动、植物发展茂盛的地域。

曾经的古地中海

依照威尔逊旋回理论，地中海已经走进海洋生命周期的尽头，如今的地中海只是古地中海的遗留，那么曾经的古地中海是什么样的呢？

大约在3亿年前，地球上的海陆格局与今天完全不同，那时有一个规模相当巨大的古海洋，这个海洋被称为"特提斯海"。它就是古地中海的真身，当时的古地中海面积非常大，它不仅覆盖了整个中东以及今天的印度次大陆，就连中国大陆和中亚地区，也几乎全被古地中海浸漫。

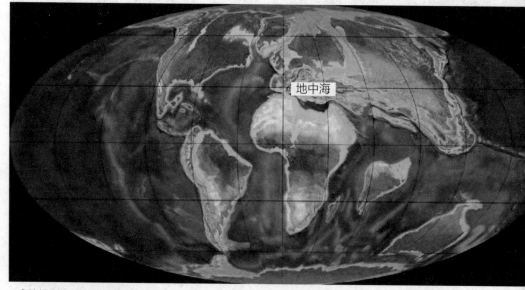

地中海

❋ [特提斯海消亡模拟图]

逐渐萎缩的地中海

5000 万年过去了，古地中海边的大陆冈瓦纳古大陆开始向北漂移，1 亿年之后，冈瓦纳古大陆开始与欧亚大陆接壤，逐渐使古地中海封闭，随着太阳的蒸发，水分越来越少，古地中海从中国大陆退出，到了距今 7000 万年前，我国西藏、云南等地壳开始抬升，迫使古地中海完全退出了中国大陆。

到了距今 800 万年前，辽阔的古地中海，由于两个

❧ [地中海风景]

大陆靠拢并发生碰撞，它的面积不仅大为缩小，而且逐步呈现封闭状态，失去了与世界大洋的联系，成为一潭死水。据地质学家考证，地中海曾有一段干涸时期，干涸之后形成了一片巨大的沙漠。后来由于再一次的地壳运动，把直布罗陀海峡崩裂开来，大西洋的海水由这个缺口重新灌入地中海地区，花了数百年的时间，才又重新把地中海变成如今的模样。

众所周知，地中海沿岸非常干涸，有一大片的沙漠地带，如今的水量已是入不敷出，海水中的盐分高达千分之三，在将来，我们有理由相信地中海会消失，这个时间或许是在几千万年之后。

❧ 地中海是沿岸国家最多的海，所以这里自古就是航运要道，也是众多国家争夺的海域。从 10 世纪开始拓展航运的威尼斯，到后来的西班牙和葡萄牙，这里承载着太多的历史。

❧ 我们常说的地中海风格，为什么用这个海的名字做一种审美的方式呢？那是因为，地中海风格的基础是明亮、大胆、色彩丰富、简单、民族性、有明显特色。重现地中海风格不需要太大的技巧，而是保持简单的意念，捕捉光线、取材大自然，大胆而自由的运用色彩、样式。

❧ 南冰洋是如何形成的？南冰洋也叫南大洋或南极海，是目前世界上唯一一个完全环绕地球却未被大陆分割的大洋。在距今 3000 万年前，当南极洲从南美洲大陆分离后，形成了环绕南极洲的洋流，这才形成了南冰洋。自 2000 年开始，国际水文地理组织将南冰洋确定为一个独立的洋，成为五大洋中的第四大洋，但在学术界，依旧有人认为大洋应该有其对应的洋中脊，而南冰洋则没有，所以不承认它是个大洋，而我国也认为南冰洋不能称为独立的大洋。

🌱 遗痕期——印度河—雅鲁藏布江缝合带

在遗痕期，海洋消失，大陆相碰，使大陆边缘原有的沉积物强烈变形隆起成山，如喜马拉雅山地区的印度河－雅鲁藏布江缝合带。

随着地质的变化，洋壳盆地到了遗痕期就没有海洋的影子了，只会在陆地残留一些洋盆的遗迹，比如喜马拉雅山地区的印度河—雅鲁藏布江缝合带。

🌸 [雅鲁藏布江]

印度河—雅鲁藏布江缝合带是高原之上最年轻的一条大陆缝合带，它西起印度河，向东经阿依拉山、门士，途经马攸木山口后，再沿雅鲁藏布江河谷分布，绕过雅鲁藏布江大拐弯后向南急拐，与印缅边境的那加山带相连。这是一条由蛇绿岩、混杂岩等深海沉积物组成的缝合带，雅鲁藏布江的蛇绿岩十分年轻，虽然经过了强烈的构造变动，仍然保存完好；而且从蛇绿岩的化学成分和从含放射虫化石的硅质岩所代表的远洋深水环境，都表明属于真正的大洋环境，代表了特提斯主洋盆的位置。

印度河—雅鲁藏布江缝合带是由海洋岩石圈在消亡过程中经过洋盆构造变形后残存下来的遗迹。这条缝合带的存在，证明了喜马拉雅地区在前寒武纪就形成了陆地，也就是说，这个地区的海洋存在于更遥远的古生代。经过时间的推移，沧海桑田，到了第三纪始新世，印度板块同冈底斯陆块发生碰合，由此形成了印度河—雅鲁藏布江缝合带。

第二节
原始海洋的样子

🌸 最初的海水

原始海洋成形后，由于环境的影响，当时的海水与今天的海水差别很大，主要体现在盐度、酸度及含氧量方面。

虽然地球已经变成了一个水汪汪的星球，但是原始海洋却与如今的海洋不一样，那么原始海洋是什么样的呢？

原始海洋中的海水不太咸

海洋刚形成时，海水和江河湖水一样也是淡水。后来，雨水不断地冲刷岩石和土壤，并把岩石和土壤中的盐类物质冲入江河，而江河的水流到大海，使海洋中的盐分不断增加。同时，海水中的水分不断蒸发，而盐却

🌿 原始海洋就其规模而言，远没有现代海洋这么大。据估算，它的水量大约只有现代海洋的10%。后来，由于贮藏在地球内部的结构水的加入，才逐渐壮大，形成了蔚为壮观的现代海洋。

🌿 [宁静的海面]

❧ [潜水员与海洋生物]

❧ 现代海洋海水中的无机盐，主要是通过自然界周而复始的水循环，由陆地带入海洋而逐年增加的。

❧ 当时由于大气中无游离氧，因而高空中也没有臭氧层阻挡，不能吸收太阳辐射的紫外线，所以紫外线能直射到地球表面，成为合成有机物的能源。

不会蒸发，这样就使海水中盐的浓度越来越高。

这个过程非常漫长，海水的不断蒸发，形成雨区，重新又落回地面，经由陆地，再将陆地岩石的盐分溶解，汇入海洋，经过亿万年的累积，才使如今的海水变成咸水。

原始海洋中的海水是酸性的热洋

之前说过，地球由于火山频发，大气层中汇聚了许多火山喷出的尘埃及有毒物质，悬浮在空气中，再加上蒸发的水蒸气。随着不断的水→蒸发→水蒸气→冷凝→雨循环，再落回地表，冷却地表的温度。由于大气中所含有的氯化氢和二氧化碳等元素，所以早期冷凝出来的水是酸性的，而且温度也是很高的。

原始海洋中的海水是有毒的

早期的海水，就像毒液一般，因为这里面存在有大量的硫化物。这时的海水中的钼要比如今海水中的钼含量高出许多，这种有毒的海水是没有办法养活任何生物的。

原始海洋是缺氧的

当时的大气层中没有臭氧层，紫外线可直达地面，而海水中也没有生物存在，大量的紫外线就被存储在海水中。这时的海洋因为没有氧气的存在，所以是死寂的。

在 30 多亿年前，海洋里产生了低等的单细胞生物，才使海洋中逐渐积累了氧气，形成臭氧层，自此，海洋生物才能够走上陆地。

🌸 原始海洋狂风巨浪

原始海洋的海水虽与今天的海水有很大的区别，但是海浪却自始至终都有。平静时，它们温柔地拍打着海岸、侵蚀着光滑的岩石；发怒时，它们会变得气势汹汹，激起千层浪，像是要把海岸击穿。

自陆地形成之后，随着空气在高低不平的地表流动，风开始在地球上吹拂。放肆的风儿加上奔涌的海浪，形成了原始海洋最大的表情。

海浪的形成

海浪是海水的波动现象。早先，人们不了解海浪，经常会认为是海神发怒。其实，海洋波动是海水重要的运动形式之一，从海面到海洋内部，处处都存在着波动。大洋海面宽广、风速大、风向稳定，吹刮时间长，海浪很强，比如像南北半球西风带的洋面上，经常是浪涛滚滚；在赤道地区，则又变成另外一个样子。这里无风带，虽然

🌸 海浪按类型主要分成风浪、涌浪和近岸浪。
风浪是指在风的作用下产生的水面波动；涌浪指的是风停后或风速风向突变区域内存在下来的波浪和传出风区的波浪；而近岸浪是指由外海的风浪或涌浪传到海岸附近，受地形作用而改变波动性质的海浪。

❀ [海洋恬静的瞬间]

❀ [汹涌的海浪拍打着岸礁]

❧ [巨浪滔天]

❧ 在海洋中存在一种威力极强的巨浪，即杀人浪，它能够掀起近 30 米高的"海墙"，吞噬豪华巨轮、游艇，让它们瞬间就消失得无影无踪。这种杀伤力极强的巨浪每年都会摧毁几十艘船和多个钻井台。

水面开阔，但因风力微弱，风向不定，海浪一般都很小。

人们经常说"无风不起浪"和"无风三尺浪"。这是对海浪最精准的总结。有时，风潮浪起，浪借风势，风助浪威，形成巨大的海浪，这很好理解。但事实上，海上的浪即使没有风，也会出现波浪。没有风所产生的浪叫涌浪和近岸浪，实际上它是由他处的风引起海浪传播来的。

除此之外，像天体引力、海底地震、火山爆发、塌陷滑体、大气压力变化和海水密度分布不均等都可以形成海浪，甚至还可以形成海啸、风暴潮和海洋内波。这些力量会引发海水的巨大波动，即使是无风也可以形成海浪。

海浪的运动方式

海浪的运动方式极其复杂，随着物理学的发展，人们逐渐认识到，海浪的运动存在着一定的规则。海浪有波峰、波谷、波长、周期等特性。在海浪运动时，不同的浪涌会相互大战，远方的海岸就会安静，很少有海浪拍打到海岸上来，也许在浪涌的大战中就将彼此的力量释放了。

海啸是一种灾难性的海浪，有着极强的破坏性。沿海一些国家和地区时常因受到海啸的侵扰而造成重大损失，比如 2004 年 12 月 24 日发生的印度洋海啸，就造成了 30 余万人的伤亡。海啸一般会发生在海沟地带，或是地震频发的地方。海啸发生时，震荡波在海面上以不断扩大的圆圈，传播到很远的地方。它以每小时 600～1000 千米的高速，在毫无阻拦的洋面上驰骋 1 万～2 万千米的路程，掀起 10～40 米高的拍岸巨浪，以摧枯拉朽之势，越过海岸线，迅猛地袭击着岸边的城市和村庄，人们瞬间都消失在巨浪中。港口所有设施，被震塌的建

❧ 日本由于位于板块交界处，所以是一个海啸、地震多发的国家。

❧ [日本海啸后的纪念碑]
石碑通常都是高于海平面 0.6～3 米不等，主要取决于当时的海啸海水的水位有多高。每块石碑都刻有铭文，或记录当时的海啸情况，或是刻了一些对后代的警示。

筑物，在狂涛的洗劫下，被席卷一空。

海啸在海洋形成之时就存在了，许多国家都曾出现过海啸。以日本为例，由于日本位于板块交界处，所以是一个多海啸、多地震的国家，而日本有一个地方竖立着许多海啸石碑，以帮助人们铭记历史。

在日本的海岸线上，大约有数百个海啸石碑，其中最早的甚至可以追溯到 600 多年前！每块石碑都刻有铭文，或记录当时的海啸情况，或是刻了一些对后代的警示。比如日本东北海岸的 Aneyoshi 村，曾经历过两次毁灭性的海啸，分别在 1896 年和 1933 年。1993 年的那块海啸石碑上就写道：高层住宅保证我们的后代生活安定，牢记这次大海啸的教训，不要在此点以下建造任何房屋。

第三节
海洋与陆地间不断变化

❀ 哥伦比亚超大陆

随着地壳的不断变化，海洋与陆地、陆地与陆地之间有着不同形状，直到在地球形成的 27 亿年前，超级大陆出现了。

哥伦比亚超大陆一般认为是 20 亿～ 18 亿年前因为造山运动形成，当时地球上几乎所有的陆地都组成该大陆。

对，是哥伦比亚超大陆，而不是超级大陆。超大陆是地质学的一个名词。它是指拥有一个以上陆核或克拉通的大陆。它是地球上几乎所有大陆块体的联合体。其实在哥伦比亚超大陆之前，还存在过一个超大陆，名叫凯诺兰超大陆。

> ❧ 克拉通在后文中有解释，但为了读者阅读轻松，在此处再说一次。克拉通就是指一块陆地，不受造山运动的影响，只有造陆的变形，这样相对稳定的陆块叫克拉通。

凯诺兰超大陆

凯诺兰超大陆是已知的最早期的超大陆，大约形成于 27 亿年前。凯诺兰超大陆由北美劳伦、欧洲波罗地、澳大利亚和南部非洲的卡拉哈里等克拉通组成。这些古老的地核之间，存在距今天 26 亿～ 24 亿年前大陆边缘和陆地相互碰撞的证据。但是由于目前尚在研究之中，只能简单地描绘出有关凯诺兰超大陆的形状。

哥伦比亚超大陆

在凯诺兰超大陆之后的 5 亿年之后，再次形成了一个新的超大陆，即哥伦比亚超大陆。它是当时地球上几

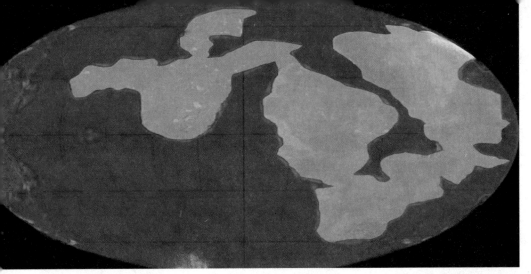

乎所有陆地的总集合。

南美与西非大陆的地核在 21 亿～20 亿年前的泛亚马孙和俄波里安造山运动中合并；

非洲南部的卡普瓦克和津巴布韦克在约 20 亿年前沿着林波波带合并；

劳伦大陆则在 19 亿年前的哈德孙、佩尼奥克、托尔森—瑟隆、沃普梅、昂加瓦、托恩盖特等造山运动中缝合；

伏尔加—乌拉尔克拉通、科拉克拉通、卡累利阿克拉通、萨尔马提亚克拉通（乌克兰）的波罗地大陆（东欧克拉通）在 19 亿～18 亿年前的科拉—卡累利阿、瑞典—芬兰、沃利尼—中俄罗斯、Pachelma 造山运动中合并；

西伯利亚的阿拿巴克拉通和阿尔丹克拉通在 19 亿～18 亿年前的阿基特坎与中阿尔丹造山运动中连在一起。

东南极克拉通和未知的陆块在横贯南极山脉造山运动中连接。印度南部和北部在印度次大陆中央构造带结合。

经过 2 亿年的结合，哥伦比亚超大陆于 17 亿多年前开始分裂，在离散的大陆边缘或内部沉积了厚度较大的包含碎屑岩和碳酸盐岩层及少量火山岩的层序，形成著名的俄罗斯的下—中里菲系、印度的下温地亚群、北美的贝尔特超群、华北的长城群—蓟县群等中元古代地层。原本结合的大陆开始四处漂移，各种大陆相继于 13 亿～12 亿年前分裂完全，而在此时，遗留在地球上的麦肯锡岩脉群和 12.4 亿年前的索德柏立镁铁质岩脉群在即将分裂时形成。

❈ [哥伦比亚超大陆演示图]
地球进入了早元古代的第四个阶段——固结纪，造山运动和板块漂移仍在继续，分久必合的陆地又聚集成了新的超大陆: 哥伦比亚超大陆。

❈ 海洋中的单细胞生命默默地承受着这一切变化。它们应对环境变化的唯一方法就是自身的演化。从寒冷的两极，到炎热的赤道；从阳光充足的大洋表层，到幽暗的海底深渊；从河流入海口的浑浊半咸水，到近乎饱和的内陆盐湖，种类丰富的微生物依靠各种技能来适应截然不同的生存环境。

🌸 罗迪尼亚超大陆

哥伦比亚超大陆经过 3 亿多年的分裂后，再次形成罗迪尼亚超大陆，在这个大陆外围由超级海洋米洛维亚洋环绕。

米洛维亚洋是一个假设中曾经存在于 11 亿～ 7.5 亿年前新元古代，围绕罗迪尼亚超大陆的超级海洋。

罗迪尼亚超大陆

罗迪尼亚超大陆是由许多古老的陆块漂移集结而成，这个过程在地质学上被称为格林维尔事件。

罗迪尼亚超大陆仍然与之前的超大陆一样是块荒地，但是与之前不同的是，此时大气层中已经出现了臭氧层，太阳光中强烈的紫外线通过它的隔离，已有一部分衰减，生命已在海洋中悄然出现。

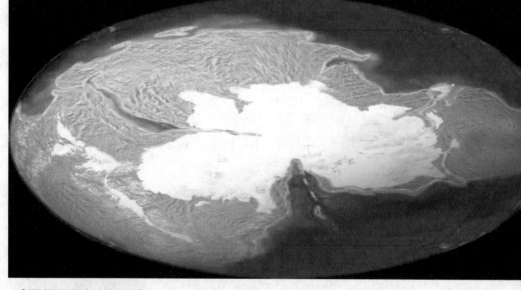

❊ [罗迪尼亚超大陆演示图]

米洛维亚洋

陆地分裂形成新的海洋，海底扩张开始，围绕在罗迪尼亚超大陆周围，形成了新的泛海洋——米洛维亚洋。此时的海洋不再是死寂的一片，由于层叠石的大量出现，海水中也含有了足够的氧气。随后，在平静的海水之中出现了藻类植物。

层叠石

层叠石外表非常像岩石，但它却与岩石不同。它是由单细胞蓝藻捕获水中的沉积物、胶结、聚集而成的一种碳酸盐沉积结构。如果将生命的进化看成一棵树的话，那么，层叠石无疑是最靠下的、接近根部的位置，是一种最古老的生命形态。层叠石是地球上最早出现的一批生命，在如今的澳大利亚西部的鲨鱼湾世界遗产保护区中还可以看到它。

层叠石最早出现于 20 亿年前，随后发展进入高峰，层叠石中的蓝藻已经具备转换能量的能力——生成叶绿素。

❖ [层叠石上有层叠状的痕迹]

❖ [层叠石剖面图]

藻类植物

在藻类植物的光合竞争和多细胞生物的吞食和破坏之下，层叠石逐渐没落，成为生物圈中一个不起眼的角色。随后，藻类植物接过了光合作用的接力棒，由它们继续完成生命的进化。

❦ [红藻]

❦ [褐藻]

❦ [绿藻]

我们知道，经由叶绿素，植物可以将太阳中的可见光转合成有机物质，这是首次出现的能量转移，也是生命进化的第一次飞跃。

罗迪尼亚超大陆的分裂

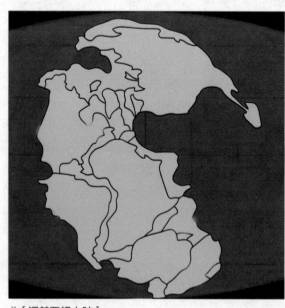
❦ [潘基亚超大陆]

罗迪尼亚超大陆大约从 8 亿年前开始发生破裂，离散的澳大利亚、印度、南极、刚果、南美等陆块通过距今 6 亿～ 5 亿年前的泛非造山运动，形成了南半球的冈瓦纳陆块群。

另一部分陆块，比如北半球的劳伦和波罗地陆块，由于大西洋的封闭，以及后来西伯利亚陆块的加入，则构成了北方大陆的主体，形成了又一个年轻的超大陆——潘基亚超大陆。

🌸 魏格纳的大陆漂移学说

大陆漂移学说从提出到如今，已有上百年的历史，提出它的人是一个"跨界"地质学家阿尔弗雷德·魏格纳。

陆地形状的猜想

陆地所呈现出的奇怪形状，从人们了解了地球之后，就对其有了许多的猜想。比如早在 1620 年，英国人弗兰西斯·培根就曾提出过西半球曾经与欧洲、非洲连接的可能。

之后，1668 年，法国人普拉赛也认为，在大洪水之前，美洲与地球其他板块可能不是分开的。这些猜想只是停留在假说的层面上，并未被人们广泛地认可。

之后，有些学者用宗教思想来阐释大陆间轮廓的相似，有的学者则把大陆漂移和月球与地球分离的过程联系起来。尽管这些表述与实际情况相去甚远，甚至漏洞百出，但不可否认的是，当时的人们已经迫切地想知道，陆地为何这样排列。

🌸 [弗兰西斯·培根与政治家－油画]

弗兰西斯·培根是第一代圣阿尔本子爵，英国文艺复兴时期散文家、哲学家。主要著作有《新工具》、《论科学的增进》以及《学术的伟大复兴》等。

阿尔弗雷德·魏格纳

时间来到 19 世纪，奥地利地质学家修斯发现，南半球的大陆岩层非常一致，或许它们曾经来自于同一块陆地，并将这个发现发表成文章，由于缺乏证据支持，他的这些观点并未受到重视。

1910 年，德国气象学家魏格纳躺在病床上，百无聊赖中，他的目光落在墙上的一幅世界地图上，他惊奇地

⚜ [阿尔弗雷德·魏格纳]

1910 年，因参加"一战"而受伤的魏格纳躺在医院的病床上，看见墙上的世界地图，注意到欧洲和非洲的西海岸和北南美洲东海岸轮廓有极大的对应性。他设想：这两块大陆早就是一个整体，后来因破裂、漂移而分开。经过研究，1912 年他在德国地质学会上提出了大陆漂移学说。

⚜ [阿尔弗雷德·魏格纳与向导]

1910 年，阿尔弗雷德·魏格纳曾去格陵兰探险，之后魏格纳为证明大陆漂移学说，又曾 2 次去往格陵兰。1930 年，魏格纳在第四次考察格陵兰时遇到暴风雪袭击，倒在雪原上，停止了探索的脚步。

发现，大西洋两岸的轮廓竟是如此相对应，特别是巴西东端的直角突出部分，与非洲西岸凹入大陆的几内亚湾非常吻合。自此往南，巴西海岸每一个突出部分，恰好对应非洲西岸同样形状的海湾；相反，巴西海岸每一个海湾，在非洲西岸就有一个突出部分与之对应。

这位青年学家的脑海里突然掠过这样一个念头：非洲大陆与南美洲大陆是不是曾经贴合在一起，也就是说，从前它们之间没有大西洋，是由于地球自转的离心力使原始大陆分裂、漂移，才形成如今的海陆分布情况的？

魏格纳将他的"大陆漂移假说"告诉了他的老师—德国著名的气候学家弗拉基米尔·皮特·柯本，但是他的想法并未得到老师的肯定，相反，柯本认为魏格纳是在做无用功，并劝他赶紧收收心，将注意力重新转移到气象学的研究上来。

魏格纳并未听从老师的劝阻，他一边忙于自己的气象学研究，另一边也在开展着格陵兰的探险活动。

大陆漂移假说

通过实地考察，结果令人振奋：北美洲纽芬兰一带的褶皱山系与欧洲北部的斯堪的纳维亚半岛的褶皱山系遥相呼应，暗示了北美洲与欧洲以前曾经"亲密接触"；美国阿巴拉契亚山的褶皱带，其东北端没入大西洋，延至对岸，在英国西部和中欧一带复又出现；非洲西部的古老岩石分布区（老于 20 亿年）可以与巴西的古老岩石区相衔接，而且二者之间的岩石结构、构造也彼此吻合；与非洲南端的开普勒山脉的地层相对应的，是南美的阿根廷首都布宜诺斯艾利斯附近的山脉中的岩石。

这些证据简单来说就是两点：

第一，在能够缝合的两个陆地板块上，对其岩石的成分进行分析，发现它们是相似的，甚至可以说完全一样；

第二，在能够缝合的陆地板块上寻找生物（包括植物）相似的证据。

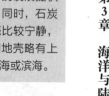

石炭纪是指地球上一个主要的造煤时期，这一时期被包含于中生代中。在石炭纪，全世界进入了重要的植物造煤期。同时大量陆生植物的出现，也为陆生食植动物的发展提供了食物来源。同时，石炭纪时期的地壳比较宁静，早石炭纪晚期地壳略有上升，沉积了浅海或滨海。

❀ ［格陵兰冰原］

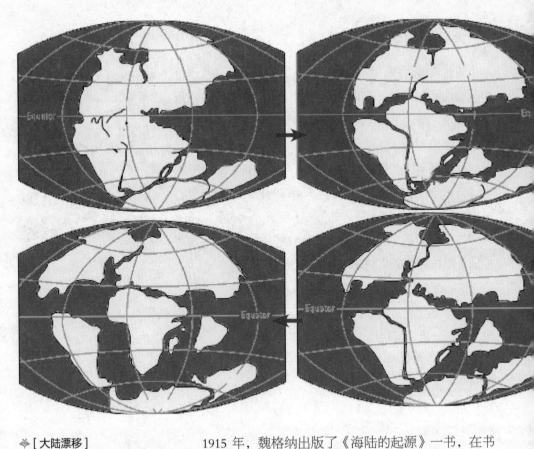

✤ [大陆漂移]

✤ 后人为纪念阿尔弗雷德·魏格纳，月球及火星上有以他命名的陨石坑，小行星 29 227 也是以他为名的。

1915 年，魏格纳出版了《海陆的起源》一书，在书中他提出了著名的大陆漂移假说，他认为：

石炭纪以前，全球只有一个大陆和大洋，前者称为泛大陆或潘基亚联合古陆；后者称为泛大洋；

大陆由较轻的、刚性的硅铝层组成，它漂浮在较重的、黏性的硅镁层之上；

从中生代开始，在潮汐力和离心力作用下，联合古陆逐渐破裂、分离，产生离极漂移和向西漂移，造成现在的海陆分布。

……

魏格纳的大陆漂移假说，大大的冲击着地质学界对地球陆地的基本看法，甚至可以说是颠覆性的推翻，但是魏格纳的假说以及他所撰写的《海陆的起源》，在他有生之年未能获得该有的对待，魏格纳本人也在 1930 年探险格陵兰岛的漫天风雪中遇难。

🌸 海底扩张学说

板块构造学说对于整个地球来说是不完整的，因为它缺失了海洋的部分，而海底扩张学说正好补齐了这一块。

海底扩张学说是海底地壳生长和运动扩张的一种学说，是对大陆漂移说的进一步发展。它是 20 世纪 60 年代，由美国科学家哈雷·赫斯和罗伯特·迪茨分别提出的。

赫斯于 1906 年生于纽约，毕业于著名的耶鲁大学。第二次世界大战前，他曾是一位航海家，在普林斯顿大学工作。战争爆发后，他应征加入美国海军，成了"开普·约翰逊"号的舰长。虽说赫斯由一个教授、学者，变成了军人，但他热爱海洋科学，他的理想是不断揭示海洋奥秘。

"开普·约翰逊"号在东太平洋上巡航，军舰从南驶向北，再由北驶向南，看似这艘军舰在巡逻，实际上军舰的指挥员正利用声呐测深技术对洋底进行探测。赫斯把航线上的数据加以分析整理。在分析这些测深剖面时，一种奇特的海底构造引起了赫斯的注意：在大洋底部，有从海底拔起像火山锥一样的山体，它与一般山体明显不同的是没有山尖，这种海山的顶部像是被一把快刀削过似的，非常之平坦。连续发现这种无头山，让赫斯感到大惑不解。战争结束之后，赫斯又回到他原先执教的大学工作。他把

❀ [哈雷·赫斯]

哈雷·赫斯毕业于耶鲁大学，他曾是一位航海家，第二次世界大战爆发之后，他应征参加了海军，成为"开普·约翰逊"号的舰长。虽然从学者变成军人，但没有改变他热爱海洋科学的理想，他不断地把横越大西洋时的数据加以分析和整理，这才发现了大洋底部的秘密。

自己发现的海底平顶山命名为"盖约特"，以纪念自己尊敬的师长、瑞士地质学家 A. 盖约特。

赫斯并没有停止对这些海底平顶山的研究。他发现，同样特征的海底平顶山，离洋中脊近的较为年轻，山顶离海面较近；离洋中脊远的，地质年代较久远，山顶离海面较远。1960 年，赫斯提出了海底运动假说。他认为，洋底的一切运动过程，就像一块正在卷动的大地毯，从大裂谷的两边卷动（大裂谷是地毯上卷的地方，而深海沟则是下落到地球内部的地方）。地毯从一条大裂谷卷到一条深海沟的时间可能是 1.2 亿～1.8 亿年。形象地说，托起海水的洋底像一条在地幔中不断循环的传送带。因为在地球的地幔中广泛存在着大规模的对流运动，上升流涌向地表，形成洋中脊。下降流在大洋的边缘造成巨大的海沟。洋壳在洋中脊处生成之后，向其两侧产生对称漂离，然后在海沟处消亡。在这里，陆地作为一个特殊的角色，被动地由海底传送带拖运着，因其密度较小，而不会潜入地幔。所以，陆地将永远停留在地球表面，构成了"不沉的地球史存储器"。

随后迪茨于 1961 年用海底扩张作用讨论了大陆和洋盆的演化。1962 年，赫斯发表了他的著名论文《大洋盆地的历史》，这篇论文被人们称为"地球的诗篇"。其中，赫斯以先入之见，首先提出了"海底扩张学说"。对洋盆形成作了系统的分析和解释，并阐述了洋盆形成、洋底运移更新与大陆消长之间的关系。这一理论为板块构造学的兴起奠定了基础，并触发了地球科学的一场革命。

❧ [证明海底扩张学说的地质学家——罗伯特·迪茨]
1961 年，美国海洋和大气管理局的地质学家罗伯特·迪茨证明了海底扩张学说。

海底平顶山

喷发中心

海底扩张学说认为，高热流的地幔物质沿大洋中脊的裂谷上升，不断形成新洋壳；同时，以大洋中脊为界，背道而驰的地幔流带动洋壳逐渐向两侧扩张；地幔流在大洋边缘海沟下沉，带动洋壳潜入地幔，被消化吸收。

大西洋与太平洋的扩张形式不同：大西洋在洋中脊处扩张，把与其相连接的大陆向两侧推开，大陆与相邻洋底镶嵌在一起随海底扩张向同方向移动，随着新洋底的不断生成和向两侧展宽，两侧大陆间的距离随之变大，这就是海底扩张学说对大陆漂移的解释。大西洋及其两侧大陆就属于这种形式。

太平洋底在东部的洋中脊处扩张，在西部的海沟处潜没，重新回到地幔中去，相邻大陆逆掩于俯冲带上。洋底的俯冲作用导致沟－弧体系的形成。潜没的速度比扩张的快，所以大洋在逐步缩小，但洋底却不断更新。

海地扩张学说使大陆漂移学说由衰而兴，主张地壳存在大规模水平运动的活动论取得胜利，为板块构造学说的建立奠定了基础。

❦ [**赫斯的发现**]

赫斯发现，同样特征的海底平顶山，离洋中脊越近的越年轻，并且离海面也比较近；离洋中脊越远的，地质年代就比较久远，山顶离海面也较远。最初人们对这种现象无从解释，但有了海底扩张学说之后，一切就容易理解了。

🌱 板块构造学说

板块构造学说认为，地球表面覆盖着不变形且坚固的板块（岩石圈），这些板块在以每年 1 ~ 10 厘米的速度移动。

板块构造学说是在大陆漂移学说和海底扩张学说的基础上发展而来的，认为地球外壳是在不断运动的，即使速度缓慢。早先的人们不愿意相信，大地岩石圈会以每年几厘米的速度水平移动，所以在 1960 年以前，大陆漂移学说几乎不被接受。之后，海底扩张理论得到证实，不仅证明了大陆漂移学说的正确，同时也向人们展示着：大洋地壳运动的过程不是随机的，而是呈现出几何学和

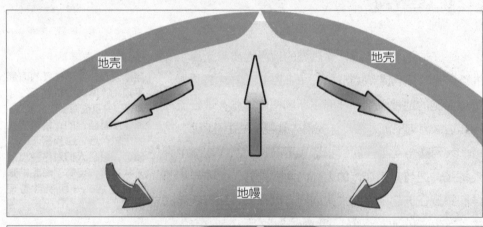

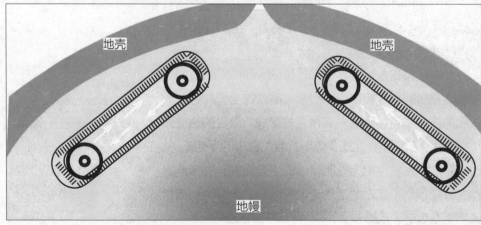

🌿 [地幔的拉伸力量就像在地壳之下装了个齿轮]

运动学的有序性。

简单来说，地球上的板块被地壳下的地幔所支撑，地幔中聚焦流的岩流能够使板块聚焦到一起；而发散的岩流则会将板块拉开。

众所周知，地幔里有滚烫的熔岩会从地核上升，并沿着地壳底部移动，等它们冷却变重后，会再次沉下去。按照这个理论，板块的移动速度取决于地幔，事实上，有些板块的移动速度比地幔跑得更快，比如纳斯卡板块。纳斯卡板块是一块位于南美洲西海岩的大洋板块，它以每年 10 厘米的速度向东漂移，但它下面的地幔的流动速度只有 5 厘米，这又怎么解释呢？

地球上的一些板块，它本身也在推动自己流动，当一个大洋板块和另一个大洋板块或是大陆板块相撞时，较薄的板块会弯曲，并下滑至较厚板块的下面，当海床沉入地幔时，会拉动它后面的板块更快地流动。这个道理就像链子吊在外面，一旦外面的部分越来越多，那么它就会开始下滑，并且随着外面比例越大，下滑的速度会越来越快。同理，一个板块下陷的部分越大，对后面板块的拉力就越大，剩下的部分运动得就越快。

❧ 地球板块分为三种状态：彼此接近的汇聚型板块边界；彼此远离的分离型板块边界；彼此交错的转换型板块边界。板块本身是不会变形的，地球表面活动便都在这三种板块状态下集中发生。

❧ 板块构造学说是 1968 年由剑桥大学的麦肯齐和派克、普林斯顿大学的摩根、拉蒙特观测所的勒皮雄等人联合提出的。

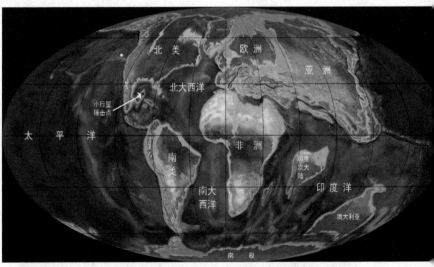

❧ [如今地球的六大板块]

这在地球上的板块间并不是偶然现象，并且也存在开始下拉的板块案例。板块、地幔及岩浆间的作用，就好像传送带一样，岩浆提供动力部分，板块则像传送带上的物品，而地幔则是缓缓移动的链条。

※ [盘古开天辟地]

※ [神话人物——盘古]
盘古画像，出自明嘉靖年间
王圻父子合编的著名版画古
籍《三才图会》。

※ 盘古的故事见于《三五
历纪》《五运历年记》《述
异记》等作品中。其形象
最早见于《广博物志》和
《乩仙天地判说》，为龙
首蛇身、人面蛇身。

🌏 未来形成终极盘古大陆

根据上述理论，在地球的未来，将会再次形成一个终极大陆，那就是盘古大陆。

随着地球板块日积月累的移动，目前这个世界上最大的超级大陆名为"欧亚大陆"，顾名思义，就是亚洲和欧洲的合体，总面积超过了 5400 万平方千米。在地球历史上，欧亚大陆起始于寒武纪，经过漫长的孕育，最终在二叠纪组合完毕。地球板块按照这样的速度移动下去，将来会是什么样呢？

盘古大陆？

许多科学家通过模拟大陆板块的移动，推算出在遥远的 2.3 亿年之后，地球上的北美洲和南美洲会合并到一起，而昔日辉煌的加勒比海和北冰洋会消失，最后，亚洲、美洲等大陆会连接在一起，形成一片终极的盘古大陆。

盘古大陆！

在我国的创世神话中，盘古大陆是混沌未开时人至圣皇盘古开天所致的大陆。根据时间推算，这个曾经的盘古大陆可能来自古生代和中生代期间形成的大陆，大约在 2.5 亿年以前。

经过漫长的 2.3 亿年以后，随着南北美洲的结合，并向北移动，与今天的亚欧大陆碰撞，最后随着中间海洋的消失，美洲最终和北极相遇，然后结合在一起，形成真实版的盘古大陆。

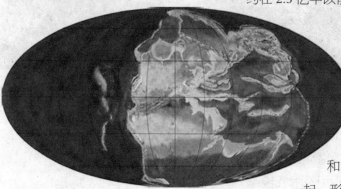

※ [未来的盘古大陆]

第 4 章
三叶虫时代的寒武纪

Cambrian Period in the Trilobite Age

发生在距今 5.2 亿年前的寒武纪时期，地球上的生命出现了里程碑式的演化事件，其规模和强度前所未有，这就是著名的寒武纪生命大爆发。这时期的生命形态与之前的完全不同，对后来的进化有着深刻的影响，开启了通向现代生物多样性的进化征途。

第一节
寒武纪地质变化

❀ 寒武纪前的地球状况

寒武纪前的地球非常古老，但是离人们很遥远，并且记录也不太多，在这里我们只能简单地介绍一下。

距今约 11 亿年之前，地球上形成了目前已知的第一个有生命的超大陆——罗迪尼亚超大陆，但是由于缺少具有硬壳的化石和可信的古地质资料，使得人们无法对前寒武纪时期的古地理进行描绘，所以人们的记录就从有资料记录的寒武纪时期开始。

[罗迪尼亚超大陆]

❀ [罗迪尼亚超大陆]
罗迪尼亚超大陆形成前的古地理所知甚少，古地磁和地质资料仅能让我们完整重构罗迪尼亚超大陆分裂之后的状态。

下面先来解释一下什么叫超大陆。超大陆是指拥有一个陆核或克拉通的大陆，这里又来一个专业术语：

克拉通，其实这个含义非常简单，指的是在地理变化时，相对稳定的陆地块。如果再与超大陆的概念结合，简单来说，就是指由一个以上相对稳定的陆地块组成的

Cambrian Period in the Trilobite Age

大陆叫超大陆。

罗迪尼亚超大陆形成时可能以赤道以南为中心，在其东南西北方向分别围绕着如下的大陆：

在东南方向有波罗地大陆、亚马孙大陆和西非大陆环绕；

在南边则是拉普拉塔和圣法兰西斯大陆环绕；

在西南方向则是刚果和喀拉哈里克大陆环绕；

东北是澳洲大陆、印度次大陆和东南极克拉通环绕；

北方有西伯利亚大陆、华北大陆、华南大陆环绕。

伴随古大陆出现了第一个假设中的古海洋，它围绕着罗迪尼亚超大陆。因为无法描绘它的具体范围，所以在地质学上便将其称为泛大洋——米洛维亚。这时的海洋里已经不再像之前一样寂静，生命已经悄然出现。在由单细胞藻类植物唱主角的海水中，已经开始制造氧气并不断地释放到海水和大气中，这为后来的生物发展和演化准备了物质条件。

几亿年的海陆分隔并未给地球带来变化，但是在寒武纪到来之际，持续的暴雪将整个地球变成了雪球，地球被冰封。不过在厚厚的冰雪之下，仍有液态水，甚至在海底的某个地方，热泉依旧在喷发，为生命创造了延续与发展的庇护所。

❧ [冰封的陆地－剧照]

❧ [进入冰封状态的地球]

🌿 寒武纪时期的地质变化

寒武纪时期的大陆开始分裂，形成了原劳亚大陆、原冈瓦那大陆等几个板块，也形成了一个新的海洋——巨神海。

大约距今 7.5 亿年前，罗迪尼亚超大陆开始分裂成原劳亚大陆、刚果克拉通、原冈瓦那大陆。之后原劳亚大陆进一步分裂，向南极移动；而原冈瓦那大陆则逆时针反转。经过 1.5 亿年的变化，把刚果克拉通夹在了原劳亚大陆的各大陆与原冈瓦那大陆之间，三者聚合成潘诺西亚大陆。

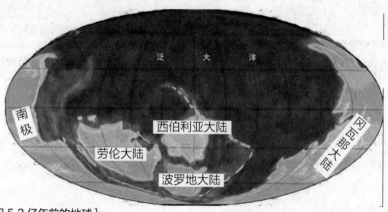

❀ [早寒武纪 5.2 亿年前的地球]

潘诺西亚大陆的形成促成了一个新的海洋——巨神海，它持续地在扩张，包裹住整个大陆，渐渐地吞噬、分割着潘诺西亚大陆。

在潘诺西亚大陆形成 6000 万年后，大约在 5.4 亿年前，潘诺西亚大陆被海水分裂成了四个大陆：劳伦大陆、波罗地大陆、西伯利亚大陆、冈瓦那大陆。

随着陆地的变化，岩浆又活跃起来，这让地球中的碳含量明显升高，冰雪渐渐消融，早期的寒武纪已经悄悄地到来，气候开始变得温暖，海平面升高，浅海淹没了大片的低洼地。这种浅海地带为新的物种诞生创造了极为有利的条件。

第二节
寒武纪生物族群

❀ 寒武纪生命大爆发

　　寒武纪时期，世界各地的板块上如雨后春笋般地涌现出许多生物，它们奇形怪状，生机勃勃，为什么会在这个时期出现如此丰富的生命呢？

　　寒武纪一词是来自地质年代的名称，是距今 5.41 亿～4.88 亿年前的地质时代。在那几千万年时间内，突然涌现出各种各样的生物，它们不约而同的迅速起源，绝大多数生物仿佛从天而降，突然在地球上出现了，形成了多种门类动物同时存在的繁荣景象。

　　为什么大量物种会在寒武纪井喷？这个问题不仅困扰着科学家们，就连达尔文都为此感到困惑，如今对于这个问题有几种解释。

❀ [寒武纪时期海洋生物猜想图]

为何叫寒武纪？
❦ "寒武纪"这个名字来自于英国北威尔士的一个古代地名，由于此地的寒武纪地层，最早被发现研究。"寒武纪"原指泥盆纪老红砂岩之下的所有地层。在罗马人统治的时代，英国北威尔士山曾称寒武山，因此这个时期便被称为寒武纪。

❦ 蓝藻在地球上已存在约30亿年，是最早的光合放氧生物，对地球表面从无氧的大气环境变为有氧环境起了巨大的作用。

❦ [蓝藻结构模拟图]
蓝藻是单细胞原核生物，又叫蓝细菌、蓝绿菌或蓝绿藻，或称为蓝菌门。

❦ 蓝藻有极大的适应性，分布很广。淡水和海水中，潮湿和干旱的土壤或岩石上、树干和树叶上，温泉中、冰雪上，甚至在盐卤池、岩石缝中都有它们的踪迹。

寒武纪物种爆发是一种假象

由于进化是推进式的，所谓的"爆发"，只是因为在生物化石的记录中，发现了早在前寒武纪就已广泛存在并发展的生物，而其他的生物群的化石则因为地质记录的不完全，导致缺失。

氧气充足导致"大爆发"

寒武纪生命大爆发事件，代表了生物进化过程中的真实现象，这得益于物理环境和生态环境的推进。

寒武纪生命大爆发时，地球的大气层中的含氧量有着决定性的作用。在蓝藻出现之前，大气中的含氧量很少或者根本就没有，随着光合转换之后，由生物制造出了大量的氧气。同时，由于大气层中臭氧层的不断加厚，保护了地球生物免于辐射损伤。

这种说法是生物学家的氧理论，但是被地质学家否认。他们认为，通过现有的证据已经发现，早在距今10亿～20亿年间，广泛沉积层中含有大量严重氧化的岩石，这说明这一时期内已经存在足够生命爆发的氧条件，为什么却没有发生生命大爆发？所以，他们认为氧气导致"寒武纪生命大爆发"证据不足。不过，我们不难看出，当时地球上已经有了足够的含氧量，供给生物成长。

有性生殖导致"大爆发"

有性生殖是相对于无性生殖而言的。有性生殖是指经过两性生殖细胞的结合，发育成新个体的生殖方式；就像人类一样，必须有男人和女人两种性别受孕后，形成受精卵，从而发育成一个新生人类。

而无性生殖是由母体直接产生新的个体的生殖方式。相比较这两种繁衍方式，由有性生殖产生的后代具有更大的变异性和生活力，对生物的进化有利；无性生殖可以保持亲本性状，对保留优良品种有利。在寒武纪时期，生物已经有了有性生殖方式，这对成就多姿多彩的生物种类，有着一定的推动作用。

生物收割者导致"大爆发"

生物收割者的理论是由美国生态学家斯坦利提出的，他认为：在前寒武纪的 25 亿年间，海洋是由原核蓝藻这样简单的初级生产者所组成的生态系统。这个系统里，生物群落简单单一，营养供给也是简单唯一的。这个系统虽然能让这时的生物得以生存，但无法给予推进式的进化。

但是这个时期的原核细胞，原生动物（即蓝藻）却出现了进化，这时的蓝藻就叫作收割者。收割者的出现为生产者提供了更多样的空间，而生产者的多性样增加，又导致了更新奇的收割者的进化。于是形成了当时特有的两个方向的发展：较低层次的生产者，增加了许多新特种，丰富了生产物种多样性；较高层次的收割者，又增加了许多新型"收割者"，丰富了营养级的多样性。从而使整个生态系统的生物不断丰富，最终导致了寒武纪生命大爆发的产生。

在寒武纪开始后短短数百万年时间里，包括现代所有生物类群祖先在内，大量多细胞生物突然出现，带壳的、有骨骼的海洋无脊椎动物趋向繁荣，它们以微小的海藻和有机质颗粒为食，其中最繁荣的是三叶虫，所以寒武纪又被称为三叶虫时代。

《物种起源》与生物大爆发的冲突

达尔文经过 5 年的环球考察，建立了生物进化的理

❧ [美国生态学家斯坦利]
斯坦利是美国生态学家。他与同事一起分享了 1946 年的诺贝尔化学奖。

❧ 诺贝尔化学奖是以瑞典著名化学家、硝酸甘油炸药发明人阿尔弗雷德·贝恩哈德·诺贝尔（1833–1896）的部分遗产作为基金创立的 5 项诺贝尔奖之一。

❧ 收割理论："捕食者往往捕食个体数量多的物种，这样就会避免出现一种或少数几种生物在生态系统中占绝对优势的局面，为其他物种的形成腾出空间。捕食者的存在有利于增加物种多样性。"

✿ [进化论提出者达尔文]

查尔斯·罗伯特·达尔文是英国生物学家，进化论的奠基人。曾经乘坐"贝格尔"号进行了历时5年的环球航行，对动植物和地质结构等进行了大量的观察和采集。1859年出版了《物种起源》一书，提出了生物进化论学说，从而摧毁了各种唯心的神造论以及物种不变论。除了生物学外，他的理论对人类学、心理学、哲学的发展都有不容忽视的影响。

✿ 恩格斯将"进化论"列为19世纪自然科学的三大发现之一，认为它对人类有杰出的贡献。

论，并在后来的研究中系统地提出了生命进化论，发表了《物种起源》这部科学巨著。

达尔文认为，所有的生物都只有一个共同的祖先，生物经历了从简单到复杂，从单细胞到多细胞逐渐发展的过程，物种是可变的，而演变的机制就是"自然选择"。

显然，寒武纪生物大量的出现是达尔文的进化论所无法解释的。他为此也深感迷惑，认为这一现象是对其进化论的严重挑战。但他也意识到这是由于化石记录的不完整性所致。

不管寒武纪生命大爆发的形成原因如何，对于人类来说，通过科学家的研究与复原，我们见到了那个曾经美丽而丰富多彩的生物世界。

✿ [1859年版《物种起源》扉页]

《物种起源》是达尔文论述生物进化的重要著作，在该书中，达尔文首次提出了进化论的观点。他用自己在19世纪30年代环球科学考察中积累的资料，证明物种的演化是通过自然选择（天择）和人工选择（人择）的方式实现的。

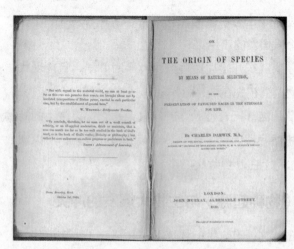

第三节
早寒武纪
——埃迪卡拉生物群

埃迪卡拉生物群

　　生命一直在原始海洋中进行着艰难的进化，人们一直无从查起，直到埃迪卡拉生物群化石被发现。

　　埃迪卡拉生物群是已知最古老的，具有复杂体形结构的生物组合之一，主要生活在6.8亿～6亿年前的海洋中，即前寒武纪晚期。

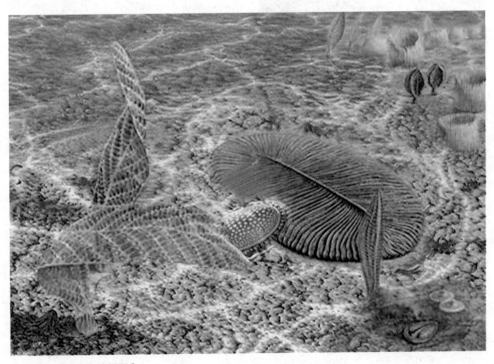

❀ [埃迪卡拉生物猜想图]

埃迪卡拉生物群的发现

早在 1872 年，加拿大古生物学家以利加拿·比林斯，在加拿大纽芬兰东南部的阿瓦隆半岛，发现了一种圆盘状印痕，但是，当时这项发现并没有引起人们的注意，甚至后来很长时间内，人们都认为这些结构是一种非生物的沉积构造，而不是化石。

之后的 1908 年，地质研究者又在纳米比亚发现了类似的印痕，还是没有得到关注，又被搁置了 30 年，德国古生物学家顾里曾对这种圆盘状印痕，进行了一番描述，但是依旧没有引起太大的注意。

1946 年，澳大利亚地质学家斯帕林格，在澳大利亚埃迪卡拉山前的砂岩中，发现了一些大型多细胞生物留下来的印痕化石，其形态与现代水母、海鳃、蠕虫及节肢动物有些相像，但它们没有口、肛门和消化道等器官。当时，斯帕林格在埃迪卡拉山发现了很多这样的化石，并将对这些化石的研究整理成论文，发表在当地皇家学会的会刊上，这篇论文也石沉大海。

1958 年，特雷弗·福德研究了一个叶状化石印痕，因为这是由一位叫梅森的中学生所发现的，所以将其命名为梅森强尼虫。这次发现迅速引起了澳大利亚科学家的关注，之后著名的马丁·格莱斯纳教授发表了一篇短评，确认了梅森强尼虫与埃迪卡拉山中发现的叶状体均为海鳃类的化石。埃迪卡拉山和其他许多地方发现的丰富盘状印痕，是新元古代末期广泛存在的生物群，取名"埃迪卡拉生物群"，这是科学界第一次认识到寒武纪以前的海洋生命形态。

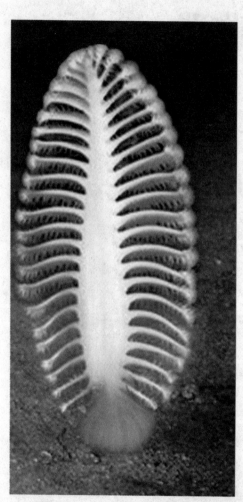

❀ [海鳃]

埃迪卡拉生物群生活在哪

埃迪卡拉生物群是地球上已知的最早生物群，主要有腔肠动物、流水线类、蠕虫动物、海鳃（即海笔）类、节肢动物及其他分类不明的动物等。生物化石在世界各地广为分布，基本上除了南极大陆之外，所有的大陆均有发现。其中有 4 个地方是埃迪卡拉生物群的聚集区，它们是澳大利亚、纳米比亚、纽芬兰和俄罗斯。

有趣的是，世界各地发现的埃迪卡拉生物群大多以印痕和铸模形式保存在碎屑岩中，而我国近年来在三峡地区所发现的埃迪卡拉化石，却是产自碳酸盐岩中，这就意味着埃迪卡拉生物群在我国的生存空间已经拓展到了整个海洋。

埃迪卡拉生物群依赖蓝藻生存

在埃迪卡拉生物群的生存年代，大气中氧的含量不多，只有现代大气中氧含量的 6%，大气层中的臭氧层也很薄，所以屏蔽紫外线的能力不强，照射到地面和海面的紫外线辐射，具有相当强的杀伤力。

因为那时的蓝藻已经十分繁盛，这类远古生物对抗紫外线的能力很强，所以即便在没有臭氧层保护的年月，仍然可以顽强发育。

❧ [海鳃插画——《海错图》]

《海错图》是清代画家兼生物爱好者聂璜绘制，书中共描述了 300 多种生物，还记载了不少海滨植物，是一本颇具现代博物学风格的奇书。"海错"的"错"不是说海量的错误，这个"错"是种类繁多、错杂的意思，"海错"就是指海洋里面种类繁多的生物。至少是从西汉开始，中国人就用"海错"来指代海洋生物，所以说《海错图》本质上其实是一本古代的海洋生物图鉴。

❧ [类似水母的化石]

❀ [类似海鳃的化石]

海洋中茂盛生长的藻类，为埃迪卡拉生物群提供了丰富的食物来源，同时也吸收了大量的紫外线，再加上海水中悬浮的物质，也阻碍了部分紫外线的照射，这就为埃迪卡拉生物群创造了生存的条件。它们不仅能快速繁殖，而且迅速地占领了全世界的浅海水域。

虽然如今人们只能看到埃迪卡拉生物在岩石上留下的印记，但是它们曾演绎了早期寒武纪原始多细胞生物发展的重要一幕。

埃迪卡拉生物群的分布环境

埃迪卡拉生物群的组成说明它生活于海洋环境，从沉积物来看说明是浅海，大概只有 6 ～ 7 米的深度，并距海岸很近。在这样的环境下，蠕虫状动物可在海底砂里钻洞或在砂上觅食，海鳃类可以扎根砂里。大多数水母是从开阔海洋漂浮而来的。一些狄更逊蠕虫体在它们被埋藏的地方显示了收缩与扩张。

❀ 埃迪卡拉时期，又称为地质的埃迪卡拉纪，而在我国，这段时间被称为震旦纪。

震旦纪的名称来源于中国，"震旦"是中国的古称。由于古印度人称中国为 Cinisthana，在佛经中被译为震旦，故名震旦纪。时至今日，中国学者仍经常这么称呼，中国教科书上一直称此纪为震旦纪。

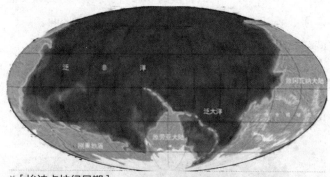

❀ [埃迪卡拉纪早期]

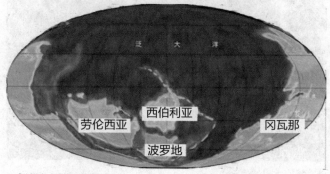

❀ [埃迪卡拉纪末期]

🌚 埃迪卡拉生物化石

埃迪卡拉生物群种类繁多，外形特异，包含 3 个门、22 个属、31 种低等无脊椎动物。3 个门是腔肠动物门，环节动物门和节肢动物门。

埃迪卡拉生物群自发现以来，已经有超过 250 种化石形态，以圆盘状、叶状体为主，也有对称的其他类型。

狄更逊水母

狄更逊水母的身体为椭圆形或长椭圆形，呈薄饼状，长度最高可达 1.4 米，却只有几毫米厚。

有研究认为，狄更逊水母具有两辐射对称的特性，由此可以推断，狄更逊水母与栉水母关系密切。

🌿 [狄更逊水母化石]

🌿 [栉水母]

栉水母基本都是无色的，透明的栉水母漂浮在水中，依靠生物光将其打扮得流光溢彩。

环轮水母

圆盘形的环轮水母是埃迪卡拉生物群中最常见、分布最广的一类生物。它的大小差距很大，小的只有几毫米，而大的直径可达 1 米左右。在很多地方的前寒武纪地层中都发现了这类化石。比如，据传我国辽宁南部的晚前寒武纪地层中也发现过环轮水母。

❧ [环轮水母化石]

莫森水母

莫森水母是南澳大利亚埃迪卡拉生物群的著名成员。它的体型较大，外廓为圆形并分裂为不规则裂片，直径大约 12.5 厘米。其表面有不规则的、围绕圆心的突起部，呈裂片状或鱼鳞状；中间则是像纽扣一样的隆起。

蕨叶虫

蕨叶虫是埃迪卡拉生物群中的代表性化石之一，分布广泛。它的身体包含 3 个裂片，由于一个裂片隐藏在化石之中，所以如今我们只能看到其 2 个裂片。

三臂盘虫

三臂盘虫是埃迪卡拉生物群中典型的三辐射对称生

❧ [莫森水母化石]

莫森水母最早时被认作水母（或海绵），但从目前的研究来看，它是有机体在淤泥中挖洞寻找食物时留下的，故而应属于遗迹化石而不是一种动物。

物，它的分布很广，除了南澳大利亚之外，在俄罗斯白海地区和乌克兰的波多利亚均有发现。

三臂盘虫的身体为圆盘状，呈三辐射对称，平均直径约 5 厘米。从中央向边缘延伸出三条弯曲的臂。

看到三臂盘虫的外形及其结构，科学家猜测，其可能与当今的海星、海胆之类的棘皮动物有关，也可能是一种灭绝生物的种类。

棘皮动物又称棘皮动物门，它们是脊椎动物进化史上处于最高位置的生物。

AUSTRALIA
50c

Tribrachidium The First Creatures

❀ [三臂盘虫复原猜想图]

三臂盘虫作为埃迪卡拉生物群最典型的生物，其外貌到底长什么样呢？不仅我们好奇，科学家也好奇，于是有了上面对其外貌的复原。

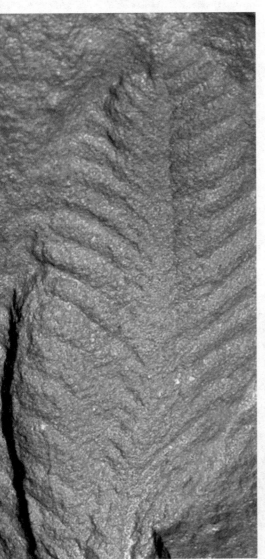

❀ [蕨叶虫化石]

❀ [三臂盘虫化石]

斯普里格虫

斯普里格虫是埃迪卡拉生物群的代表性化石之一，生活在距今大约5.5亿年前。它是一种身体分节的生物，有些像多毛类环节动物，体长3～5厘米。前端有几个节已经融合形成头部，可能还会长眼睛和触角，身体两侧呈对称形状，而身体底部覆盖着一排坚硬板片。

斯普里格虫的外形与叶状体生物类似，曾被归为环节动物和原始关节类生物，目前一般认为它与节肢动物具有亲缘关系，可能是寒武纪时期典型生物三叶虫的祖先。

✤ 因为棘皮动物的外壳与脊椎动物的脊椎非常相似，所以许多生物学家将两者归于一条进化路线上的生物。

盾盘虫

盘状的盾盘虫化石是最早被发现的埃迪卡拉化石。尽管最早发现，但是这种化石的纹状一直不被认可，科学家认为它是非生物结构，但如今被认为是叶状体生物的化石。

✤ [斯普里格虫复原猜想图]

✤ [盾盘虫化石]

🌸 埃迪卡拉生物群的灭亡

　　犹如昙花一现的埃迪卡拉生物群消亡了，那么它们到底在死亡前经历了什么？根据化石带给我们的提示，我们做出如下猜想。

　　生命的能量具有惊人的爆发力，在不断地尝试着自我修正，如今地球上多姿多彩的鲜活物种，是生命付出巨大而惨重的代价才获得的。不客气地说，地球上曾经出现过的物种里，99%都成了生命的牺牲品，永远地消失在了历史之中。而埃迪卡拉生物群则是已知的生物中最早消亡的那些。

🌸 [这是什么生物？]

这是蘑菇，上一节中的盾盘虫，其外形形状与上图中的蘑菇是否有点相似呢？是的，之所以盾盘虫不被认可，就是因为它长成这样能叫虫子吗？

没有像样的摄食和呼吸器官

　　在埃迪卡拉时代的海洋被称为埃迪卡拉花园。因为那时的生物没有相互残杀的天敌，也不存在被猎杀的可能。它们所面对的唯一对手就是生存环境。

　　那时的海水中含氧量稀少，食物日渐减少，再加上这些生物都没有像样的摄食和呼吸器官，它们活得很艰难。

　　那埃迪卡拉时代的生物是怎么进食的呢？

🌸 [深海管虫]

🌸 [克劳德管化石]

克劳德管是埃迪卡拉的标准化石，分布比较广泛，它的外观与现如今的一种生物非常相似。

通常生物的进食方式

生物通常吸收营养有两种办法：

第一种是尽可能的向外扩展自己的体表面积，通过皮肤的扩展，扩大呼吸和摄食的数量。这种方法比较简单，三臂盘虫就是这类的代表，如今也有保持这种摄食方式的生物，如绦虫。

第二种方法比第一种方法要高级很多，生物经过了上千万年的进化，发展出一套高效的内部器官，通过内脏的分支和褶皱来增加器官的表面积，达到增加呼吸和摄食的目的。

埃迪卡拉生物选择了第一种

埃迪卡拉生物群选择的是第一种摄食方法。通过不断地生长、尽可能地拉伸自己的躯体，所以它们把自己越摊越大。但是庞大的身体需要更多的营养养育，于是它们便在这种循环中成为生命的试验品。最终，成了生存策略的反面教材，过于简单地应付大自然的考验，没有通过就意味着消亡。

❧ [查恩盘虫化石]

查恩盘虫是一种叶片状的埃迪卡拉生物群的标志性类型之王。这种生物是当时的巨无霸生物，高可达 1 米以上，它的复原图与如今的海鳃非常相似。

❧ [金伯拉虫化石]

金伯拉虫是一种对称性的生物化石，它被认为是一种最早的水母。

❦ [兰吉海鳃化石]

埃迪卡拉生物群灭绝的 3 种假说

对于埃迪卡拉生物群的整体灭绝原因，目前比较流行的假说有 3 种：

一是海水含氧量的降低，导致了生物的逐渐灭绝；

二是埃迪卡拉纪至寒武纪界附近，进化出了可以捕食的生物，它们吃掉了埃迪卡拉生物；

三是海底沉积条件的剧变，使得埃迪卡拉生物群无法生存下去。

埃迪卡拉生物群灭亡了，虽然原因不明，但却为下一次生命的爆发，做了一次试航。

❦ [兰吉海鳃最新复原解剖图]

> ❦ 兰吉海鳃是最早被描述的埃迪卡拉化石。它虽然叫海鳃，但与之前及现代的海鳃有明显的不同，因为它有一个粗的中轴，从根部向尖部逐渐变细，而且它有 6 个辐射状的叶片体。如今的海鳃是平面的，而兰吉海鳃则是立体的。

第四节
早寒武纪
——云南澄江生物群

❧ 令世界震惊的完美化石群

云南澄江生物群发现于 20 世纪晚期，大量保存完好的寒武纪早期的生物化石令世界震惊，也使人们认识到，在东方这片海域曾生长的独特生物。

在我国的云南澄江帽天山附近，有一处保存完整的寒武纪早期古生物的化石群，这里的生物群共涵盖了 16 个门类、200 多个物种化石。在 2012 年 7 月 1 日，此地被正式列入《世界遗产名录》。

❧ 瑞典皇家科学院院士、诺贝尔奖评委扬·伯格斯琼教授评论：澄江"除寒武纪'三叶虫'之外的大量化石发现，使全世界寒武纪大爆发的研究有了依据"。

❧ [澄江动物群化石发现点]

澄江生物群

在生命长达 30 几亿年的历史中，寒武纪生命大爆发与生命起源、真核生物的发生、智能人类的出现等几次革命性事件相并列，是生命史中最为壮观的一幕。化石将它们的身姿完好地保存下来，而澄江生物群的化石是目前世界上所发现的最古老、保存最好的一个多门类生物化石群；生动、如实地再现了当时海洋生命的壮丽景观和现生动物的原始特征，为研究地球早期生命起源、演化、生态等理论提供了珍贵证据。

澄江生物群的发现，引起世界科学界的轰动，被称为"20 世纪最惊人的发现之一"。

❀[云南澄江生物群发现者侯先光]

侯先光说："古生物专业经常出入野外，与大自然接触，我喜欢。"

❀[寒武系地层分界线碑前的合照]

寒武系地层分界线碑左侧是侯先光先生，右侧两位分别是瑞典古生物学家扬·伯格斯琼和埃瑞克·诺林，该照片拍摄于 1998 年 11 月 1 日，来自《澄江动物群》一书。

🌿 抚仙湖虫——原始的现生真节肢动物

抚仙湖虫是寒武纪早期的海洋生物，拥有着比较原始的外貌。

抚仙湖虫是澄江生物群中特有的化石，是寒武纪早期的海洋生物，至今只发现于滇东地区。作为寒武纪早期的海洋生物，抚仙湖虫属于真节肢动物中比较原始的类型，成虫体长10厘米，有31个体节，外骨骼分为头、胸、腹3部分，它的背、腹分节数目不一致，造型非常怪异。它们被普遍认为是现生真节肢动物，如蛛形类、多足类、甲壳类和昆虫类的远亲。

通过研究抚仙湖虫标本，发现抚仙湖虫的消化道充满泥沙，这表明它是食泥的动物；不仅如此，抚仙湖虫实体还保存有腹神经节，以及由物化腿基节组合形成的原始取食口器等，抚仙湖虫再现了寒武纪早期海洋生物的真实面貌，为揭示地球早期生命演化的奥秘提供了极其珍贵的证据。

❧ [抚仙湖虫复原猜想图]

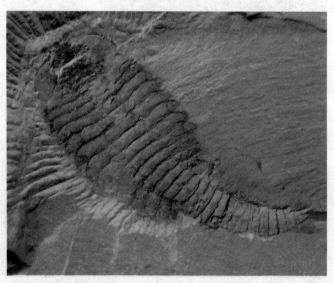

❧ [抚仙湖虫化石]

🌿 海口鱼——寒武纪最高等的动物化石

海口鱼是一种原始的似鱼类生物，只有拇指般的大小，但却是生命进化史上的巨人，虽然没有坚实的外壳，但身体非常独特，拥有一根原始脊椎。海口鱼是所有脊椎动物的祖先。

1997 年 8 月，云南地质科学研究所的地质学家来到昆明海口地区进行野外考察，发现了与澄江生物化石群中"云南虫"脊索动物不大一样的东西，而且竟然是一条鱼，这有点令人不敢相信，因为相比之前所发现的生物，这条鱼显然更高级一些。因为是在云南昆明市一个叫海口镇的地方发现了这些化石，所以起名为海口鱼。它的发现对古生物学及动物源流的学说有极大的影响，因为它将脊椎生物出现的时期进一步推至 5.3 亿年前。

🌿 [海口鱼复原猜想图]

海口鱼是寒武纪时期的鱼类，表面没有鱼鳞，身体呈纺锤形，体长约 28 毫米，宽 6 毫米。这是迄今发现的地球生命中，寒武纪时期最高等的动物化石。海口鱼长有一双小圆点似的眼睛，眼睛后面生有原始软骨质的脊椎，这可了不得了。因为我们知道，人类的后脖颈处生有硬的脊椎。

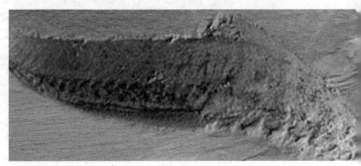

🌿 [海口鱼化石]

而海口鱼的脊椎却是软骨质的，可以这样说，虽然海口鱼的脊椎骨发育得并不完善，但由于它保存了原始的软骨质的脊椎，所以我们知道它是脊椎动物家族最早的成员。海口鱼被喻为世界上第一条真正意义上的鱼。

1998 年 12 月，专家们又在昆明海口地区发现了第二块脊椎动物化石，被命名为"昆明鱼"。

🌸 **[云南虫复原猜想图]**

🌸 云南虫——改写了虫子的历史

云南虫生活在约 5.3 亿年前寒武纪前期的浅海中。1991 年被侯先光发现于中国云南澄江县帽天山，并命名为云南虫。这是一条伟大的虫子，它依靠肌肉收缩来移动身体，曾被喻为是人类的祖先。

云南虫的身体侧扁，一般长 3 ~ 4 厘米，最长可达 6 厘米。云南虫的身体长有发达的肌肉，依靠肌肉收缩使身体产生波浪来游泳，滤食生活。云南虫虽然个头不大，但名气不小，它在很长一段时间内，都被喻为是人类的祖先。

早在 1991 年，云南虫被发现的时候，由于它的头部不易保存，人们将它错认为是一种特殊的蠕虫，后来经过不断地发掘和研究，才发现云南虫有 7 对腮弓，可以呼吸，并把食物留在口腔里，在云南虫之前，人们认为 5.15 亿年前的皮凯亚虫子是最早的虫，云南虫的发现将虫子的历史往前推进了 1500 万年。

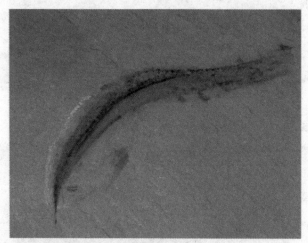

🌸 **[云南虫化石]**

🌸 1995 年《纽约时报》发表一篇名为《从云南虫到你之路》的文章，文中说："如果云南虫夭折，动物的中枢神经系统将永远得不到发展，地球将像遥远的月球一样永远寂寞冷清。"

云南虫是所有爬行动物、哺乳动物的祖先，是人类的始祖，也是地球上最早的脊索动物居民。云南虫身体中有一条脊索，这在生命史上是第一次。脊索的出现提高了动物控制身体和对环境的适应能力。

云南虫的发现不仅使脊索动物在地球上出现的历史往前推进了 1500 万年，同时解决了生物进化论上一个最棘手的难题之一，即脊椎动物与无脊椎动物两大类别的演化关系。云南虫是无脊椎动物与脊椎动物之间最典型的过渡型动物，在进化生物学上占据十分重要的地位。

🌸 真形伊尔东体——不知如何分类

这是一个怪异的化石，只有两个类似圆圈的存在，但这也是一个伟大的生物，因为它被看成是今天水母等生物的祖先。

真形伊尔东体是云南澄江生物群中发现的生物，数量众多，它是个圆盘状的生物，其外形酷似现代海洋中的水母，它的个体较大，最大直径可达 15 厘米以上。从中央腔向周边延伸 40 多条辐管。它的 U 形消化道常呈黑色，宽大清晰，有时充填有泥质。至今科学家也不知道该把真形伊尔东体归入哪一分类，它的生活方式也是一个谜。

关于真形伊尔东体如何摄食，研究者猜测，真形伊尔东体形态扁平，表明其漂浮生活，也就是吃一些浮游生物，可也有些研究者持否定态度，他们认为真形伊尔东体应该是栖息海底的泥食者。

🌿 [真形伊尔东体化石]

看到这张照片，读者肯定会问，咦，生物在哪？其实上面两个类似圆圈形的轮廓就是真形伊尔东体的躯体所形成的。

🌸 海绵——最古老的多细胞动物

现如今，海洋中生活着许多形态、颜色各异的海绵，可早在寒武纪时期，云南澄江生物群中也有一种叫"海绵"的生物。它的形态与我们现在熟知的海绵截然不同。

🌸 [炉管海绵]

据英国《每日邮报》2013年9月22日报道，摄影师Mauricio Handler 在加勒比海水域潜水时，意外拍到一种罕见动物——炉管海绵。炉管海绵的嘴和眼睛，实际上就是海绵的孔装身体结构，碰巧长成这样，又碰巧被摄影师记录了下来。

🌸 海绵又称"多孔动物"，是动物界中最原始、最低等的多细胞动物。它最早起源于寒武纪时期，其下390属被确认源自白垩纪。

海绵是生物进化过程中最古老的多细胞动物，能够利用二氧化硅在常温水环境下合成极为丰富的硅质骨骼。它生活在海底，虽然不能走、不能动，但有一套独特的防卫本领。当遇到掠食者，它会释放一种毒素，不仅可以杀死敌人，还能杀死周围海水中的有毒微生物，使海水变得清洁，所以海绵也扮演着水下"清道夫"的角色。

澄江生物群中的海绵化石至少由 11 属 20 种组成，分属于六射海绵钢和普通海绵钢，保存着球形、柱形、倒锥形等完整外形及彼此连接成各种网的完整海绵骨针。云南澄江生物群中的高级生命体非常多，它们在寒武纪时期到底经历了什么，为什么会灭亡？

专家猜测，有可能是一场毁灭性的天灾浩劫导致。从澄江生物化石群出土的一些化石来看，如抚仙湖虫和纳罗虫，它们的胃里充满了未消化的食物；而那块著名的"昆明鱼"化石，它呈弯曲状，鱼头向下，鱼尾上翘，鳃囊明显鼓胀，被灌满了大量泥沙，保存死前痛苦挣扎的形状，这表明鱼是被活埋的。

第五节
中寒武纪
——贵州凯里生物群

🌸 贵州凯里生物群发现始末

凯里生物群的生物化石是属于中寒武纪，距今 5.2 亿年的海洋生物化石。在这里已发现的生物，包括世界上少数保存完整的三叶虫、宽背虫等，这里的生物群化石保存得非常好，其三维空间异常完整，对展现寒武纪海洋生物的面貌具有重要意义。

凯里生物群位于贵州黔东南州凯里市，早在 1982 年 11 月，贵州工业大学三位讲师赵元龙、黄友庄、龚显英，为写论文来到凯里采集三叶虫化石。他们发现，这里有跟三叶虫类似的海洋生物化石，这引起了他们极大的兴趣，于是，经过 20 多天的努力，他们发现了棘皮动物、三叶虫、软舌螺、腕足类、单板类、水母状化石及藻类等多门类化石。由于受到资料及技术限制，"自得宝藏而不知"，他们并不知道这么多化石是什么生物。

直到 1987 年，澄江生物群的发现，在全球引起了轰动，他们才知道，贵州凯里发现的那一堆生物化石到底是什么。之后，国家成立了专门的研究小组，对这批化石进行研究。虽然在数量上，它无法与云南澄江生物群和加拿大布尔吉斯生物群相比，但此处因为岩石层丰富，沉积类型多样，与加拿大布尔吉斯生物群和云南澄江生物群，构成世界三大页岩型生物群，在生物演化上起着承前启后的作用，为生命起源与演化、寒武纪生命大爆发等的研究提供了重要证据。

🌿 [凯里生物化石]

❧ [中华微网虫化石]
中华微网虫是一种无脊椎动物。里面的矿化骨板有许多网状结构，所以得名。

❧ 凯里化石明星——中华微网虫

中华微网虫为叶足类动物，其虫体一端细长，另一端粗短有小突起，虫体全长 10 ~ 77 毫米，在凯里生物群中首次发现。

❧ 放射虫为海生漂浮的单细胞动物，具放射排列的线状伪足。

微网虫因身上多边形的鳞状骨片而得名，具有网状骨片的微网虫，每个网眼中有一个圆管构造，可能具有感光作用，体长可达 8 厘米，具有 9 对矿化骨片和 10 对足，这些骨片起到连接腿和关节的作用。有专家认为，这些骨片是一种繁殖后代用的储卵器，不过参照现代节肢动

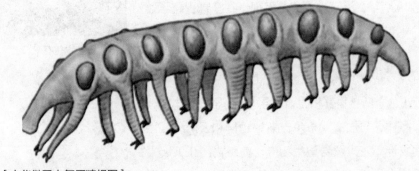

❧ [中华微网虫复原猜想图]

物繁殖器官多集中在一个部位的特点，储卵器不可能这样分散。也有专家认为，这些骨片是具有感光作用的多眼，所以微网虫有了"九眼精灵"的美称。不过动物的眼睛一般集中在头部，和微网虫类似的生物在地球上还没有找到。

✤ [蚕宝宝]
中华微网虫的外形与蚕宝宝很像，只是蚕宝宝的腿没有中华微网虫的腿那么长。

微网虫之名，源自1981年，研究者在西伯利亚寒武纪早期地层中，发现了多种磷质骨片，呈多边形网状，当时这些骨片并未受到重视。直到科学家们在澄江生物群中，发现了保存完好的软躯体化石，才明白这些化石原来是叶足类动物的矿化骨片。但是仍然因为化石中缺少软体组织，它们的网状骨片被做了许多离奇解释：

一是包壳类群体生物，二是储卵仓，三是动物表皮的骨片，甚至被认为是最早的放射虫。

直到凯里生物群完整微网虫化石被发现，才知道这些奇形怪状的骨板竟然长在毛状动物的身上。因此，微网虫荣登英国《自然》杂志第6232期封面，成为化石明星。

凯里生物群是继中国澄江生物群之后，又一个重要的页岩型生物群，是澄江生物群的极好补充，一些生物化石填补了古生物中的薄弱环节及空白区域，对古生物的研究具有重要的意义。

✤ 中华微网虫与加拿大布尔吉斯生物群中的皮卡虫长得非常相似，读者可以自行注意一下。

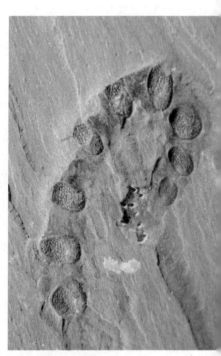

✤ [中华微网虫化石]

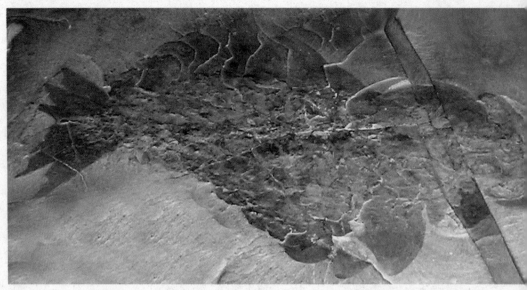

✤ [奇虾化石]

🌱 叫虾不是虾——奇虾

在寒武纪时期的海洋里，生活着许多奇形怪状的生物，有些成了当时海洋的霸主，比如奇虾。

海洋巨兽的鼻祖

如今的海洋中生活着许多巨型生物，已经不足为奇，而早在寒武纪时期，出现的 "大家伙" 才算是巨兽鼻祖。

寒武纪生物大多数只有几毫米到十几厘米，而奇虾则可长到 0.6 ~ 2 米，这在当时的海洋里可谓是巨兽，是当时海洋中所有生物的恐怖对手。

叫虾不是虾

奇虾，虽然叫虾，但和我们今天的虾没有任何关系，它属于节肢动物的一种。它的身体有分节但没有背甲，两侧有 11 对宽大的桨状叶，嘴巴像一个圆盘，由 32 个重叠的吸盘组成，从来没有完全闭合过。嘴巴前面有两只强劲有力的钳子，上面有许多根倒钩似的尖刺，是用来捕获食物的武器。

✤ 目前为止，已报道的奇虾类化石已达 13 属 21 种之多，产出于全球自寒武纪早期至早泥盆世大约 1.2 亿年间的 25 个软躯体特异埋藏化石库。

✤ 奇虾的身体由非骨骼化的软躯体构成，只能在特异埋藏的软躯体化石库中保存，且大部分的奇虾化石都是离散的身体部位，曾被命名为不同的物种。

❧ [奇虾复原图]

吃 "软饭" 的大胃王

　　奇虾虽然体型巨大，却是个吃"软饭"的家伙。因为它的嘴巴过于薄弱，无法将带壳类动物压碎，体内的消化系统也难以消化动物的骨骼，所以它们主要以泥里的虫类、水中漂浮的软质微生物类为食。奇虾虽然吃的东西软，但并不代表吃得少，它可是个大胃王，需要不停地进食，才能满足它的大胃。

"结刺网" 捕食

　　奇虾最开始直接用大螯抓捕食物，后来因为大螯抓

❧ [奇虾的尖牙化石]

奇虾非常能吃，每次的排泄物也有一个碗的大小，古生物学家们曾在奇虾的排泄物里发现了三叶虫的碎壳，三叶虫坚硬无比，奇虾能咬碎三叶虫的甲壳。

The first fortunate strike

This outcrop is a classic fossil locality of the Chengjiang fauna. From this site at July 1, 1984, a fortunate strike of a geological hammer by Dr. Hou Xianguang revealed the presence of imbedded soft-bodied arthropods (*Naraoia*). This fossil discovery attracted numerous paleontologists to this site for research, which led to the discovery of the first monstrous predator, *Anomalocaris*, the ancestral form of vertebrates, *Yunnanozoon*, and numerous ancestral forms of arthropods including *Hallucigenia*, *Cardiodictyon*, and *Microdictyon*.

❧ [奇虾化石发现地]

❧ 完整的奇虾化石世界上非常稀少。100 多年前，科学家们也曾经误会，认为眼前的化石标本就是现代虾的祖宗。

❧ 由于奇虾的排泄物中存在小型带壳动物的残体，这说明早在寒武纪时期的海洋中，就已经存在完整的食物链。

捕食物的速度无法满足"大胃"需求，于是渐渐演化出了"网兜"，用"网兜"兜住的食物多且快。

通过观察现存的奇虾的化石，可以发现化石上奇虾的爪子有很多网状的，有的刺很长。科学家们推测，这些刺形成了一个网，凡是从它身边经过的生物，都逃不过这个大网，最终成了奇虾的食物。

奇虾同时拥有两种捕食方法，这间接说明，即便是海洋霸主，生存竞争也很激烈，它们需要进化出更先进的捕食方式，才能满足生存需要。

进化出的复眼

奇虾除了拥有巨大的圆盘形嘴之外，还有一对外凸的巨大眼睛。奇虾的眼睛虽然原始，但是已经具备了类似现代昆虫的复眼结构，因此在掠食时，可以更好地帮助它们发现四处藏匿的猎物。甚至对于当时的一些生物来说，可能它们还没有发现奇虾，就已经被奇虾锁定目标。

奇虾也难逃灭绝

奇虾虽然拥有庞大的体型，但依然难逃灭绝的命运，目前发现最晚的奇虾存活在 4.4 亿多年前，种族存世时间不足一亿年。 至于它们为何被灭绝，专家猜测，有可能是由于出现了另外的体型比奇虾大的物种，导致奇虾可进食的食物减少，奇虾可能逐渐就被饿死了。

🌿 "超级小强" ——三叶虫

寒武纪时期最著名的古生物就是有着"超级小强"之称的三叶虫，它的知名度丝毫不比恐龙低，资历也比恐龙古老。

三叶虫最初出现在5亿多年前寒武纪早期的海洋中，是最早的多细胞动物之一。当时地球陆地上是一片荒芜，海洋里的物种也远没有今天多。三叶虫的生存历程，贯穿了恐龙出现前的整个"古生代"，直到2.4亿年前的二叠纪才最终灭绝，至于灭绝原因，至今尚未有解答。在漫长的时间长河中，三叶虫演化出繁多的种类，有的长达70厘米，有的仅有2毫米。

🌿 三叶虫遍布在原始海洋中，所以今天的陆地上有许多三叶虫的化石被发现。

🌿 [三叶虫化石]
三叶虫是一类生命力极强的生物，横行霸道，发展迅速，在漫长的演化中，经历了不同的进化形态。

三叶虫长什么样

在各地的自然博物馆里，基本都能找到三叶虫的化石。远远看上去有点像个鞋印，是一个带有横向条纹的圆形或椭圆形的虫子。

仔细看可以发现其身体纵向分为头甲、胸甲和尾甲

三部分，由一条突起的中轴贯穿，胸甲两侧则是一条条肋骨状的体节。这些体节组成的两片"肋叶"，加上中央的"轴叶"，左、中、右一共"三叶"，这就是它们名字的来源。

❈ [邮票上的三叶虫化石]
这是捷克发行的邮票，可以看出这个三叶虫是早期的三叶虫。

三叶虫的胸部分节，多的有十几节，少的有2节，各节间有连接，可以方便地卷曲、活动。头部长有一对分节的触须，既是行动器官，又是感觉器官，触须后面是嘴，通常有"唇瓣"覆盖，嘴两边有许多细小而分节的附肢，附肢的作用有点类似腮，可以呼吸。

❈ [三叶虫末期化石]
随着时间的推移，三叶虫的头部甲壳渐渐缩小，原来尾部一根尖针状的尾巴进化成如今壮硕的2根尾巴。

三叶虫也会脱壳

俗话说"金蝉脱壳"，指的是蝉脱壳，而三叶虫也会像蝉一样脱壳。

三叶虫的甲壳主要由碳酸钙、磷酸钙和几丁质组成，质地坚硬厚实，可以很好地保护身体的柔软部分，所以相当重要。但随着软体部分的长大，硬壳部分却不能随之变大，所以三叶虫每到一个时间段就会脱壳。这也是三叶虫化石为何特别多的原因——大部分根本不是它们的遗体，只是蜕掉的空壳而已。

踩死三叶虫的脚印

1968 年，一位化石爱好者打开一块古板，赫然看见了一对脚印踩在两只三叶虫上，这可不得了。要知道在三叶虫的时代，连恐龙都没瞧见过，哪里会有这么大脚印的生物，如果这真是一对脚印，那么对于进化论和传统地质学将会有不小的挑战。

不少地质学家认为，这根本不是脚印，不过是由于地层中某个坚硬的物质脱落而剩下的中空层而已，只是看起来像脚印而已。这种解释并未能说服所有的人。

❦ 随着像奇虾这样进化到变态的大型食肉生物出现，三叶虫为了求生，也进化出许多躲避的技能。

❦ 从末期的化石可以看出，三叶虫的头部可以活动了，这就是它其中之一的逃生技能。

❦ 除此之外，有些三叶虫还学会了卷曲身体，有的学会了"跑"，没错就是跑，是在尾巴的帮助下跑。

❦ [邮票上的三叶虫化石]
这是加拿大发行的邮票，可以看出这个三叶虫是晚期的三叶虫。

❀ 叫蟹不是蟹——鲎

鲎诞生于寒武纪时期，当时恐龙尚未崛起，原始鱼类刚刚问世，随着时间的推移，与它同时代的动物或进化或灭绝，而唯独只有鲎从问世至今仍保留其原始而古老的相貌，所以鲎有"活化石"之称。

❀[鲎]

鲎这个字不念"鳌 áo"，不念"鳖 biē"，而是念"hòu"。它可是大有来头，是从4亿多年前的寒武纪之后就一直生存到如今的生物，它还有一个名字叫马蹄蟹，是一种叫蟹不是蟹的生物。

活化石

鲎属于肢口纲剑尾目的海生节肢动物，形似蟹，身体呈青褐色或暗褐色，披硬质甲壳。鲎的祖先最早可以追溯到寒武纪时期，是一种与三叶虫一样古老的物种。经过这么长时间的推移，依然保留着原始的模样，所以它又被称为海洋"活化石"。

鲎有四只眼睛

鲎有四只眼睛，有两只小眼，对紫外线最为敏感，用来感受亮度。还有两只是复眼，它们由1000只小眼组成，不仅能够接受微弱的阳光，在经过视觉神经处理后，能使明亮的部分更加明亮；黑暗的部分更加黑暗，使物体的轮廓更加清晰。鲎两只复眼的这种使物体的图像更加清晰的"侧抑制"现象，启发人们将这一原理应用于

❀ 美国公共电视网（PBS）《自然》节目中出："美国食品药品监督管理局（FDA）认证的每一种药物，以及心脏起搏器和假体装置等手术植入物，都必须通过鲎试剂的测定。"

❀ 1982年科教电影《蓝色的血液》在第12届西柏林绿色农业电影节上获金穗奖。这里的蓝色血液就是指鲎的血液。

电视和雷达系统中，提高了电视成像的清晰度和雷达的显示灵敏度。

鲎的血呈蓝色

众所周知，人类的血呈现出红色；而鲎的血呈蓝色，它们依靠铜的血蓝蛋白输送营养。这种血液有很好的抗病菌能力，当鲎受到病菌侵袭时，体内的含铜的血蓝蛋白会将细菌封在一层隔膜内，以此来防止病菌扩散。

内科医生弗雷德里克·邦在1956年发现了鲎的血液的抗病菌特性，为了把鲎的血液应用于医疗，经过若干年的科学试验，终于成功制成了铜试剂，用来检测医疗用品是否被细菌污染，这对病人来说非常重要，如果没有鲎的存在，将会有数千甚至数百万人死于不卫生的注射。由于鲎血是蓝色的，所以鲎试剂被称为"蓝金"。

三叶虫与鲎有关系吗

仔细对比鲎与三叶虫的照片，发现二者长得很像，但它们却不是亲戚。最早的三叶虫出现在距今5.2亿年前的寒武纪早期，它的软体解剖信息存在着空白，因此其演化关系受到各方的猜测。

现在生存的节肢动物主要分为两大类：一类是以蝎子、蜘蛛、鲎等为代表的螯肢类；另一类是由多足类、甲壳类和六足类组成的有颚类。

传统的观点认为，三叶虫和螯肢

❧ [**鲎化石**]
2008 年发现的鲎化石，距今 4.45 亿年。

❧《本草拾遗》："鲎，生南海。大小皆牝牡相随。"

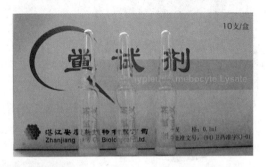

❧ [**鲎试剂**]

❈ [1928 年，被用作肥料生产原料的鲎]
20 世纪早期，在美国东北岸特拉华湾周围形成了这样一个有组织的产业。数以百万计的鲎被捕捉起来，碾成肥料，有的被用来喂猪。

❈ [鲎壳彩绘]

类的演化关系更近，而近年来越来越多的证据开始支持三叶虫和有颚类的关系亲密。

鲎的生存状况堪忧

由于鲎血的药用价值，市场上贩卖鲎和鲎血成了致富的法宝，这让鲎面临着死亡的威胁。鲎的血曾卖到每升 1.5 万美元的价格，然而一升鲎血就要从 60 万只鲎中抽取，被抽完血的鲎虽然会被放生，但是相当一部分鲎根本无法活下去，就算能够撑下来，也会在萎靡不振中被天敌掠杀。

鲎在跟自然搏斗了这么久，顽强地生存下来，但却无法跟人类作斗争，如今它的数量已经锐减，人类是时候把它们保护起来了，别让它再成为后代研究的化石。

❈ 在交配时，一对鲎会抱在一起，即使被人打扰也不分离，所以它又收获了"鸳鸯鱼"的美名。

✿ "只有做梦才能梦到" ——怪诞虫

怪诞虫是已经灭绝了的一种动物，生活在大约 5.3 亿年前的海洋里，最早发现于加拿大，是寒武纪最著名的动物之一，也曾是地球上数量最为庞大的动物。

寒武纪时期生物进化突然加速，生物种类大量涌现，出现了许多奇异种类。史密斯博士说怪诞虫是那个时期最奇怪的生物之一。

怪诞虫就像它的名字一样，长相非常"奇葩"，怪诞虫的脖子很细，头很小且为长条形。虫长约 1 厘米，长有一对单眼（而不是复眼）、一张嘴，前肠有板覆盖，有环形齿，躯干背侧具有 7 对斜向上生长的强壮的长刺。它的名字得来也甚是怪诞。由于最初的化石保存不好，1977 年，英国古生物学家莫瑞斯，看到一只长相怪异的虫子化石，错把身体上规则分布的两排刺，当成了用来走路的腿，而把本用来走路的腿误作装饰品。他认为这样的奇幻生物"只有做梦才能梦到"，所以命名为怪诞虫。

✿ [怪诞虫化石]

第六节
中寒武纪——加拿大布尔吉斯生物群

🌸 布尔吉斯生物群发现始末

加拿大布尔吉斯生物群早在 20 世纪初被发现，那个时候对于它的研究，极大地丰富了寒武纪生物的多样性，给当时的科学界带来了震撼，纠正了当时寒武纪只有少数硬体动物的错误认识。

🌿 [加拿大布尔吉斯山]

加拿大布尔吉斯生物群，位于加拿大的大不列颠哥伦比亚省，这些化石的年代大约为 5.05 亿年前的中寒武纪，略晚于云南澄江生物群。

1909 年 8 月，美国科学家维尔卡特带领全家到加拿大落基山脉的布尔吉斯山去野外地质旅行。在回程的路上，一块石头绊倒了他夫人的坐骑，维尔卡特捡起这块石头，居然奇迹般地看到了一块保存有软体动物的化石。

第二年夏天，维尔卡特专门组织了一支考察队进行了大规模的发掘，除有壳的三叶虫和海绵动物以外，同时还发现了大约 119 属 140 种海洋动物，其实不乏节肢动物、脊索动物等，而这些生物大多数都生活在深海，改变了科学界对寒武纪海洋生物的认知。后来，维尔卡特把这些动物称为布尔吉斯生物群。

1981 年，加拿大布尔吉斯生物群被联合国教科文组织批准为世界文化遗产遗址，成为全世界古生物学者关注的圣地。

🌸 长得像外星怪兽——欧巴宾海蝎

欧巴宾海蝎是寒武纪的远古生物，生活于大约5.3亿年前的海洋之中，位于加拿大所处的位置，它长得如同科幻生物一般。

欧巴宾海蝎生活于大约5.3亿年前的海洋之中，它们的外形看起来非常像是从科幻电影中走出的外星怪异生物。欧巴宾海蝎体长 41 ~ 70 毫米，在脑袋两边长有 14 对腮，像桨一样划动，除此之外，欧巴宾海蝎头上顶着 5 只带柄的眼睛，视力范围可能达到 360 度。在眼睛的前端还有一个柔软的长嘴，而且在嘴的顶端还长有一个爪子，这个爪子被认为是用来捕捉食物的。它的这种怪异外形，以致科学家推测其也许是虾类的远亲，也许和现代存活的任何生物都无关。

🌸 [欧巴宾海蝎化石]

欧巴宾海蝎被普遍认为居住在浅层海床，这种生物应该是一种具有游泳能力的捕猎者，其长长的吻部，被认为用作捕捉海床洞穴内的小虫，另外也有可能是用以卷起海床的泥沙，以搜索食物。

🌸 [欧巴宾海蝎外貌复原图]

🌸 现今脊椎动物的祖先——皮卡虫

皮卡虫是距今5.05亿年前寒武纪时期的一种动物，如今已经灭绝，它没有眼睛，也不知道哪里是头哪里是尾，它拥有最早的脊椎——脊索，被喻为脊椎动物的共同祖先。

皮卡虫又名皮凯亚虫或皮克鱼，平均体长约为5厘米，从外观看上去它更像是一条鳗鱼，长有一个薄薄的背鳍，但没有眼睛。

皮卡虫有"之"字形的肌肉节，覆盖于全身。肌肉让皮卡虫能够在水中游泳，也能自由地左右摆动。它可以利用其身体及阔尾鳍来游出水面。皮卡虫可能在游泳的同时过滤水中的物质。

尽管皮卡虫没有头，但是它有嘴，嘴旁还有两根小触须，小触须旁的开口后来可能成了鱼类的腮。由于在皮卡虫的体内拥有最早的名叫脊索的柔韧棒，这是一种原始脊椎，所以它被喻为现今脊椎动物的祖先，这些脊椎动物里当然也包括人类。

🌿 [皮卡虫外貌复原图]

1911年，皮卡虫的化石被发现，由于当时技术条件有限，古生物学者将它当作一种古老的蠕虫，随着现代成像技术的运用，通过对化石中的肌节进行分析，最终确定了皮卡虫有着最原始的脊骨和骨骼肌，是已知的最古老的脊椎动物。因此，皮卡虫可称得上是所有脊椎动物的祖先，包括鱼类、鸟类、两栖动物、爬行动物以及包括人类在内的哺乳动物。

第 5 章
生物繁盛的奥陶纪

Ordovician Period of Biological Prosperity

在距今 4.8 亿年前，辉煌的寒武纪结束了，生物进入了名为奥陶纪的新时代，各种生物享受着平和、安静。

这时期的三叶虫依然是最成功的族群，其他生物也是一派兴旺的景象。软体动物、棘皮动物和脊索动物各就各位，享受着温暖富饶的新时代。

这些生物在这种温和的环境下，随着整个奥陶纪一起突然消亡……

第一节
奥陶纪时期的地质变化

 寒武纪末期——奥陶纪前期的地质情况

进入新时代的地球，也经历了如同消亡一样的沉睡……

在距今约 4.9 亿年前，地球上第一次发生了生物集群灭绝事件——寒武纪生物灭绝。这次事件消灭了很多腕足动物门、牙形石及严重减少了三叶虫的物种数目，地球上约 49% 的生物属都在这次事件中消失了。许多科学家猜测，导致寒武纪生物灭绝的原因，可能是以下几种。

🌿 [奥陶纪时期的生物化石块 - 韦恩斯维尔]

冰河作用

科学家猜测，由于冰河作用，寒武纪进入了新的冰河时期，低温、缺氧的环境灭绝了一些体型较大的生物。

极超新星的爆炸

有天文学家猜测，或许是由于当时天外的极超新星的爆炸，它以巨大的重量，导致引力坍缩，新星爆炸，而地球上的生物则遭遇了这种天灾导致灭绝。

形成于寒武纪末期的冈瓦纳超大陆，从赤道一直延伸到南极，火山活动和地壳的运动，造就了奥陶纪前期独特的气候分异，也形成了最为广博的海洋。这些都被奥陶纪好坏兼收了。

Ordovician Period of Biological Prosperity

🌱 奥陶纪地理大变化

奥陶纪时期陆地板块的最大变化就是造就气候的分异，同时也有不少地方再次经受火山洗礼。

奥陶纪是古生代的第二个纪，是地史上大陆地区遭受广泛海侵的时代，是火山活动和地壳运动比较剧烈的时代，也是气候分异、冰川发育的时代。此时地壳中的火山活动频繁，陆地板块运动剧烈，造就气候的分异，比如在西伯利亚中北部、加拿大北部的部分地区、中国北部和澳大利亚中西部都属于干热气候的地区；相反，北非的撒哈拉沙漠、南非开普地区曾经覆盖着厚厚的冰层，属于寒冷气候地区。

奥陶纪早、中期继承了寒武纪的气候，气候温暖、海侵广泛，世界许多地区都被浅海海水淹没，海洋生物

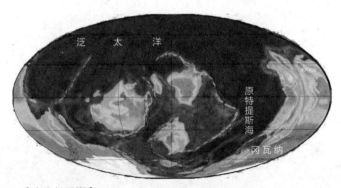

❖ [奥陶纪早期]

🌿 冈瓦纳古大陆：冈瓦纳古大陆是最完整、最大的古陆，包括已知大陆壳的一半以上，围绕南极地区分布。由现在的非洲、阿拉伯半岛、马达加斯加、南美、印度、澳大利亚、新西兰、南极和可能的南欧、土耳其、阿富汗、伊朗、中国西藏等组成。

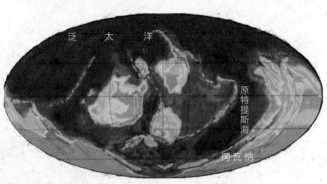

❖ [奥陶纪晚期]

得到了空前的发展，比寒武纪时期更为繁盛。奥陶纪是海生无脊椎动物真正达到繁盛的时期，也是这些生物发生明显的生态分异的时期。

此时，在北美落基山地区出现了原始脊椎动物异甲鱼类，在南半球的澳大利亚也同样出现了异甲鱼类。此外，同时还出现了珊瑚，此时的珊瑚虽然比较原始，但已经能够形成小型的礁体。

奥陶纪时期的海洋生物是现代动物的最早祖先。珊瑚和叫作星状动物的古老海星生长在洋底。海底的带壳动物包括与现代牡蛎有关的软体动物、看起来与软体动物相似的腕足动物和外壳卷曲的腹足动物。头足类——现生鱿鱼的堂兄弟——快速游过海底搜寻猎物。但最大的新出现的动物是像萨卡班巴鱼这样的无颌类。无颌类，例如发现于南美的萨卡班巴鱼，是地球上最早的脊椎动物之一。这一时期仍然没有任何动物种类生活在陆地上。

到了奥陶纪后期，各大陆上不少地区发生重要的构造变动、岩浆活动和热变质作用，使得这些活动区的部分地区褶皱成为山系，又让地球进入了冰冻期，冰原的厚度多达 3 千米，覆盖了非洲的北部与中部的大部分以及南美洲的部分地区。之后，地球上爆发第三大物种灭绝事件。

第二节
生物繁盛的奥陶纪

❀ 不败的海洋霸主——三叶虫

奥陶纪时期的三叶虫，为了防御天敌，在胸、尾长出许多针刺，以避免食肉动物的袭击或吞食。

奥陶纪化石以三叶虫、笔石、腕足类、棘皮动物中的海林檎类、软体动物中的鹦鹉螺类最常见，苔藓虫、牙形石、腔肠动物中的珊瑚、棘皮动物中的海百合、节肢动物中的介形虫和苔藓动物等也很多。

三叶虫逃过了寒武纪时期的生物灭绝，坚强的进入奥陶纪，此时的三叶虫虽然没有寒武纪时期那么繁盛，但是仍然生活着 500 多个种类。虽然种类不多，但数量庞大，这也就是为什么人们普遍最先找到三叶虫化石的原因之一。

这时的三叶虫，因为外壳的桎梏，它们定期脱去外壳，而这些外壳落入海底被掩埋，从而形成化石。今天在世界各地的海相岩石中，已经发现了数以千计不同的三叶虫化石，有的长着长刺，用来防御、捕食；有的将眼睛长在长角上，这样当它们埋入海底沙子中仍旧可以看见外面。

由此可以看出，海洋中的生物已经开始学着防御和捕食。

❀ 三叶虫生活时代为寒武纪到二叠纪（距今 2.99亿～2.52 亿年前），寒武纪最盛，自志留纪（距今 4.43 亿～4.19 亿年前）开始衰落，而二叠纪末的大灭绝事件则加速了它们的灭绝。

❀ [三叶虫蜕壳化石]

❧ 奥陶纪无颌鱼——头甲鱼

头甲鱼是一类从几厘米到几十厘米长的鱼形动物。它们身体的前部被包裹在拖鞋状的头甲里，露在头甲后面的身体和鱼类相像，只是覆在上面的鳞片是肋状的长条形。

头甲鱼是第一种能够被称得上是鱼的生物。头甲鱼又名骨甲鱼，它的体长从几厘米到几十厘米不等，它们有清晰的头部，被大大的头甲包围，它的身体长得非常像鱼身，并且已经有最早的鳍。

❧ [头甲鱼化石]

头甲鱼的鳞片与现代鱼的大不一样，是长条形的骨板。头甲后面有一对肉质胸鳍，是头甲鱼主要的运动器官。此外还有一个背鳍和一个歪形尾鳍。头甲鱼的一对眼孔靠得很近，眼孔前面是一个单鼻孔。在头甲的两侧和眼后中央还有三个由小骨片构成的区域，科学家推测它可能是头甲鱼的感觉器官。

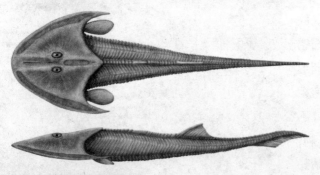

❧ [头甲鱼面貌复原猜想图]

头甲鱼头部的腹面有口和鳃孔。头甲鱼腹部扁平，因为骨质甲片很重，所以头甲鱼是游泳能力不强的底栖动物。头甲鱼的鳃弓是目前所知脊椎动物中最原始的，和圆口类的鳃弓一样，不分节。

头甲鱼以水藻为食，它的身体里已经进化出最原始的脊椎，这时的鱼没有下颌，所以又被称为无颌鱼。

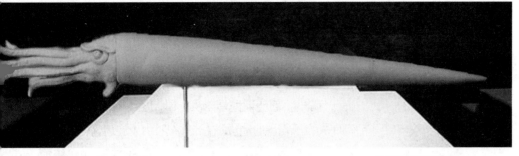

❦ [直壳鹦鹉螺]

❁ 鹦鹉螺的祖宗——直壳鹦鹉螺

直壳鹦鹉螺是一种古老的动物，从 5 亿年前的寒武纪诞生，崛起于奥陶纪，成了海洋霸主之一。

直壳鹦鹉螺的体型差异较大，大的有 6 ~ 9 米长，但是也不乏一些只有几厘米的小同族，就像如今存活的鹦鹉螺。直壳鹦鹉螺的触手以及口中的喙都跟现代鹦鹉螺差不多，但是它们的壳是笔直的，就像陆生的竹笋一般。

根据出土于波罗的海的化石显示，不论鹦鹉螺体型差别如何大，它们掠食都是一样的凶悍。

越大的鹦鹉螺，它的食谱范围就越广，几乎什么都吃，包括三叶虫、星甲鱼、板足鲎等动物。但是由于它们背着一个大大的壳，所以在捕食时无法主动追逐猎物，只能用守株待兔的伏击策略。在猎物接近后，直壳鹦鹉螺便会依托触手，将猎物抓住。虽然除了直壳鹦鹉螺，奥陶纪的海洋里还有其他的一些掠食者，但是直壳鹦鹉螺凭借它们庞大的体型，很少有能够威胁到它们的动物。直壳鹦鹉螺是奥陶纪晚期的顶级掠食者，也是继奇虾之后的第二个海洋霸主。

即便如此，直壳鹦鹉螺也未能逃脱奥陶纪末期的生物大灭绝，因为它本身体型庞大，需要更多的氧和食物，所以一旦遇到变化，它们无法完成长距离迁徙或是下潜入深海躲避灾难，最终虽然一些直壳鹦鹉螺躲过了这场物种大灭绝，但是直壳鹦鹉螺的种群数量急剧减少，幸

❦ 直壳鹦鹉螺的英文名为"Cameroceras"，在国内也被翻译为直角石，国内对于直壳鹦鹉螺并没有很好地进行细分，实际上这一物种是个相当庞大的类别，其中有的只有几厘米，而直壳鹦鹉螺中的顶尖掠食者，则足有 6 ~ 9 米的大小。

存下来的直壳鹦鹉螺，大多是一些体型较小的种群，导致直壳鹦鹉螺从食物链顶端跌下，成了曾经是它们猎物的板足鲎的食物。

到了泥盆纪，由于邓氏鱼的出现，海中的板足鲎被迫迁到陆地，直壳鹦鹉螺无法上岸，遭到邓氏鱼的压迫，彻底失去了霸主的地位；在二叠纪时由于旋齿鲨的出现，使得直壳鹦鹉螺家族奄奄一息，到了三叠纪，鱼龙统治海洋，直壳鹦鹉螺彻底灭绝。倒是它们的近亲——小型的卷壳鹦鹉螺因体型小顽强地生存了下来。

❀ [苔藓虫及其造礁]

❀ 几亿年保持本我——苔藓虫

苔藓虫是一种生存在海底的虫子，它们像珊瑚虫一样微小，广泛分布在世界海域中。苔藓虫自奥陶纪开始，一直生存在现代，是一种不折不扣的活化石生物。

苔藓虫是一种像苔藓植物的集群动物，外形很像植物，但有一套完整的消化器官，包括口、食道、胃、肠和肛门等。苔藓虫的个体很小，而且不分节，它的消化道呈 U 字形，所以它的口和肛门靠得很近。它与微型珊瑚相似，喜欢生活在海床上，至今仍有许多种类，比如星苔藓虫、羽网苔藓虫等。

苔藓虫喜欢在较为清洁、富含藻类、溶解氧充足的水体中生活，能适应各地带的温度，广泛分布于世界各地的海水或是淡水中。

由于苔藓虫的化石比较少，具体诞生在何时，目前不得而知，但是到了奥陶纪，苔藓虫首次进入繁盛期，之后到了泥盆纪末期及石炭纪又进入第二次繁盛期。苔藓虫的种类虽然增多，但形态却没有太大的变化。

🌸 霸王等称虫——掠食者的劲敌

霸王等称虫通过简单粗暴的成长，让自己越长越大，对抗着奇虾的捕食。

在寒武纪时期出现的奇虾，凭借其庞大的身躯，敏锐的复眼和背部坚硬的外壳，成为海底凶残的捕食者，它们使海底的三叶虫们苦不堪言、无所遁形。

进化是保存生命的唯一途径，于是有些三叶虫们学会了把自己的身体蜷曲起来，使四肢没办法被奇虾抓住；有一部分三叶虫长出了尖锐的刺，让捕食者受伤；还有一些三叶虫学会了仰泳，并且长出了大大的眼睛，凭借速度和视觉开溜。

而霸王等称虫却有着另类的防御方式，那就是让自己长得更大，大到比捕食者更大！

我们从霸王等称虫的化石中可以发现，它们的身长可达 72 厘米，外表光滑，这样的身材和体型，对当时的捕食者奇虾来说，它的大钳子估计也无从下手。

🌸 [霸王等称虫化石]

第三节
奥陶纪生物灭绝

🌸 奥陶纪生物灭绝

在距今 4.4 亿年前的奥陶纪末期，发生了地球史上第三大的物种灭绝事件，约 85% 的物种灭亡。

古生物学家认为这次物种灭绝是由于全球气候变冷造成的。在大约 4.4 亿年前，现在的撒哈拉所在的陆地曾经位于南极，当陆地汇集在极点附近时，容易造成厚

🌸 [伽马射线暴爆发一瞬间]

物理学家通过计算发现强大的伽马射线暴能够杀死一定范围的宇宙生命，更致命的是伽马射线暴还有定期发生的规律，这对宇宙生命而言是个不利的消息，因为这会阻止宇宙生命进化成高级物种。

厚的积冰——奥陶纪正是这种情形。大片的冰川使洋流和大气环流变冷，整个地球的温度下降了，冰川锁住了水，海平面也降低了，原先丰富的沿海生物圈被破坏了，导致了85%的物种灭绝。

伽马射线暴

到了奥陶纪晚期，地球遭遇毁灭性的灾难，科学家猜测这次灾难的罪魁祸首是伽马射线暴。

伽马射线暴又称伽马暴，是来自天空中某一方向的伽马射线强度在短时间内突然增强，随后又迅速减弱的现象，是宇宙中发生的最剧烈的爆炸。

奥陶纪晚期，距离地球6000光年以外的地方，一颗中子星与黑洞由于不明原因相撞，产生数束伽马射线暴，其中一束不偏不倚击中了地球。

其实伽马射线暴击中地球的概率极小，小于亿分之一，这次地球真是很倒霉，被击中要害，导致了约85%的生物灭亡。

真核藻类爆发

哈佛大学地球与行星科学系安·皮尔逊课题组根据最新研究结果称，奥陶纪生物大灭绝或许与真核藻类的爆发有关，海洋真核藻类的大爆发，或触发赫南特冰期，并间接导致奥陶纪末期生物的集体灭绝。

真核藻类是一群没有根、茎、叶分化，但是可以进行光合作用的低等自养植物。它们突然大规模的出现，抢夺了海洋资源，成为动物生存的劲敌。

根据奥陶纪发现的化石可以看出，在这个时期内二氧化碳浓度异常，至于为何会发生这种情况，专家解释说，在奥陶纪末期，由于陆地大量维管植物首次出现与扩张，增速了大陆风化作用，导致海洋中真核藻类迅速扩张，加速了碳元素从海洋表面，向深层海洋传递的过程，伴

❦ 海侵，又称海进，指在相对短的地史时期内，因海面上升或陆地下降，造成海水对大陆区侵进的地质现象。与之相反的是海退，就是海洋退出，露出陆地的地质现象。

随着大规模的海侵，大气中的二氧化碳浓度短时间内急剧下降，触发赫南特冰期，所以导致了地球再一次的冰封和生物大灭绝事件。

❧ 真核藻类大小从几微米到几米（海带），甚至百米（巨藻）不等，其结构简单，无明显组织分化。

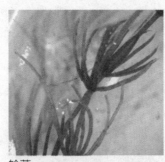
轮藻

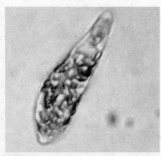
裸藻

甲藻

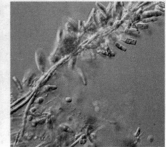
硅藻

❧[真核藻类]
绿藻、轮藻、裸藻、甲藻、硅藻等都属于真核藻类。

第 6 章
潜藏的志留纪

Latent Silurian

　　五彩缤纷的多细胞生物出现以来，志留纪成为各时代中最没存在感的地质纪元。因为它既没有寒武纪生命大爆发的震撼，也没有奥陶纪生物大灭绝的惨烈，更没有其他时期的巨兽撑场，在短短 2500 万年的持续时间中平淡地渡过，但正因为它的潜藏，为生命的大变革蕴藏了力量。

第一节
志留纪时期的地质面貌

志留纪地质状况

志留纪是早古生代的最后一个纪，也是古生代第三个纪。约开始于 4.4 亿年前，结束于 4.1 亿年前。

奥陶纪末期的生物大灭绝终于告一段落。密集的生态灾难带走了海洋中约 85% 的物种，使得整个地球含氧量很低，只留下残败不堪的生态系统和少量挣扎求生的幸存者，寂寥的志留纪就这样匆匆的到来了。

早志留纪时期到处形成海侵，中志留纪时海侵达到顶峰，晚志留纪各地有不同程度的海退和陆地上升，表现了一个巨大的海侵旋回，遗留的地层在世界分布较广，浅海沉积在亚洲、欧洲和美洲的大部分地区，以及澳大利亚的部分地区；非洲、南极洲大部分为陆地。

西伯利亚大陆

劳亚大陆

原特提斯海

冈瓦那大陆

随着南极冰盖迅速消融，奥陶纪结束，志留纪到来，海洋和大气环流减弱，深海虽然较为温暖，但含氧量非常低，因此，除了冈瓦纳大陆外，其他各板块大都处于干热和温暖的气候条件下。

志留纪时期水域中的生物千姿百态，热闹非凡，但是陆地上的生命却十分罕见，到处是穷山秃岭，一片荒芜。

志留纪末期，灾难再次降临，由于地壳剧烈运动，地壳表面普遍出现了海退现象，不少海域变成陆地或形成高山，由此引发了又一轮生物进化高潮。

🌾 志留纪生物变化

志留纪只持续了大约 2500 万年，或许它是最没存在感的一个地质纪元，因为它既没有寒武纪生命大爆发时的欣欣向荣，也没有奥陶纪生命大灭绝的石破天惊，而且缺少各种吸引眼球的巨型生物。

在整个志留纪中，地球都在努力恢复被奥陶纪末期生物大灭绝重创的生态系统，终于在志留纪末期，海洋生物的种类和数量（主要依据是科和属的数量）追平了奥陶纪的最高水平。

志留纪出现了海洋生物重要的两次变革：一是海洋生物开始离开海洋，向陆地发展；二是无脊椎动物进化为脊椎动物，鱼类开始大量出现。

由于海洋面积缩小，水中生物受到不小的影响。一些海洋植物打破了 20 多亿年的习惯，开始到陆地上舒展身姿。

[蕨类植物——第一批走上陆地的植物]

第一批陆生蕨类植物由此诞生。古老水域中的藻类从细菌和单细胞的蓝藻、绿藻，发展成为躯体更大的多细胞绿藻、红藻、褐藻。

这些藻类不满足于水域中的生活，一直争取着空间和阳光，一旦有机会就向陆地发展，因此，最早占领陆地的是植物，而非动物。从此，荒凉的大地终于披上了"绿衣"。

[红藻]

第二节
持续恢复的志留纪

🌱 广翅鲎——残暴的肉食者

广翅鲎的绰号是"帝鲎"，它是一种海蝎子，体型相当庞大，是进化史上最大的节肢动物，同时也是当时最大的生物之一，是一大类生活在晚奥陶纪至二叠纪的海生节肢动物。

广翅鲎也叫板足鲎、海蝎，是一大类生活在晚奥陶纪至二叠纪的海生节肢动物，它们在海里横行了2.5亿年。广翅鲎最繁盛的时期是在志留纪，而在泥盆纪早期，一度出现了体长2.5米的莱茵耶克尔鲎，这样的体量，使它们无愧于"史前巨兽"的称谓。

面对海底越来越复杂的生物，以及越来越难捕捉到

❀ [广翅鲎化石]

广翅鲎（hòu），绰号"帝鲎"，是一种似乎只有在恐怖片中才能看到的巨型怪物。从头到尾披着厚实的装甲，还有一对巨大的钳子。

狡猾的三叶虫，作为捕食者的广翅鲎的武器显得有点落伍了，所以广翅鲎为了更好地称霸大海，开始进化自己。

志留纪的广翅鲎，已经进化出一对复眼和一对单眼，视觉系统已经比较完备，这样的体征令其捕食更加方便。

广翅鲎一共有6对附肢，最后一对附肢扁平扩大化，用以游泳，中间的几对附肢用以行走，而最前两对附肢则用以进食。其中部分种类的广翅鲎，第二对附肢变成了大钳子，火力得到了额外加成，抓住那些滑溜溜的猎物变得不再困难。这个时期的广翅鲎，还具有坚硬的外壳，所以绝对是一个攻防兼备的物种。

或许是由于名字的原因，人们更愿意相信广翅鲎与近代生物鲎是一脉相承，但事实并非如此。

研究表明它与蛛形纲的关系更近。因为，根据广翅鲎存留的化石推测，部分广翅鲎已经具有适应陆地生活的鳃，可以水陆两栖的生活。

广翅鲎是群居的，它们像狼群一样洗掠着每一寸经过的海底，是非常残暴的肉食者，它们成功地统治了海洋2.5亿年，这绝对是史前巨兽的典范。

❦[广翅鲎化石]
左面是志留纪时进化后的广翅鲎，而右侧是其在海底时的模样。

❦ 广翅鲎是一种海蝎子，体型相当庞大，是进化史上最大的节肢动物，同时也是当时最大的生物之一。

❧ 笔石——判断地层年代的黄金卡尺

笔石是笔石动物的化石，由于其保存状态是压扁成了碳质薄膜，很像铅笔在岩石层上书写的痕迹，因此才被科学家叫作"笔石"。笔石动物通常体长有几厘米或几十厘米，较大的可达70厘米或更长。

在寒武纪，地球海洋中出现了一群笔石动物。它们的软体部分个头不大，却长出了长长的骨骼，形成了一根根笔石枝。经过几亿年的存活，到了石炭纪，笔石动物灭绝了，但是它们的化石却成了今天判定地层年代的黄金卡尺。

笔石个体大小不一，壳的一部分固着于浅海海底，而软体部分则浮游于海面上，随着时间的推移，它们的空壳镶嵌在岩石中，就像是用铅笔在岩石上书写的痕迹，这也是其得名的原因。

笔石身体之谜

起初，由于笔石动物的化石都是平面的，它被误认为是植物化石、痕迹化石、头盘虫、珊瑚、水螅或者苔藓虫等的遗迹，其实笔石是立体的，它们有着软体和硬体两部分，由于软体部分漂浮在海中，而且会被地质所分解，所以化石才会形成一点痕迹。

❄ 笔石动物可以生活在海水的各个深度，但在不同的深度有不同的类型；而在不同纬度带的笔石动物也不一样，有些类型只生活在高纬度地区，而另一些类型只生活在赤道地区。所以通过发现地层中的笔石类型，不仅能知道地层的时代，还可以推测当时的海水深度、地理位置。

笔石动物有两种生活方式

一种是固着在海底的，也就是底栖。这种类型的笔石动物一般会生活在浅水环境里，因为它们多少还是需要一些氧气的，水太深就无法生存。

另一种是在海水中浮游生活的，这部分笔石动物可以生活在更加开阔的海水里面，也可以在深水环境中生存。

判断地层年代的黄金卡尺

以进化论的观点来讲，每一种生物族群都会随着时间的发展而产生新的特种，而在每一个时间段中，也会有独特的物种类型和组合，所以对笔石动物最重要的研究方向就是它的演化过程。

经过研究发现，笔石动物的演化速度非常快，尤其在奥陶纪和志留纪时期，每隔几十万年就会产生一大批新种。所以用笔石来判定地层年代，尤其是在奥陶纪和志留纪，是非常精确的，其精确度远远高于其他方法。在野外工作中，仅需要一个 10 倍的放大镜，就可以根据笔石现场快速鉴定地层年代，是非常好的工作助手。

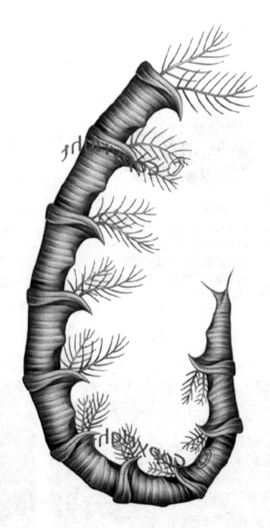

❄ [笔石复原猜想图]

笔石动物的生活开始于一个叫"胎管"的圆锥体（从卵孵出时的原始房室），从胎管生长出一些分叉或不分叉的枝，每一个枝上通常都含有一系列排列整齐、形态相近的管状体，称为"胞管"，笔石的虫体就住在"胞管"中。通过笔石动物纤毛触手的摆动，笔石虫体口部吸入海水，滤食有机质后再吐出来。

🌱 珊瑚——能造礁的虫子

珊瑚是如今海底常见的美丽生物，它们早在奥陶纪就出现了，而到了奥陶纪中期，出现了能造礁的珊瑚虫。

珊瑚早在奥陶纪就出现了，到了奥陶纪中期，海洋中还出现了能够造礁的珊瑚，虽然还比较原始，但大部分功能都已经具备。

而到了志留纪，珊瑚种类已经非常丰富，成为海洋中最为重要的生物与环境的影响者，迄今为止，珊瑚生态系统仍然是人们绕不开的话题之一。

在如今世界各地的海洋中，最被人们所喜爱的，应该就是珊瑚以及生活在珊瑚周围的生物。因为珊瑚的出现，使浅海的海底有了别样的色彩，它们给了一些生物固定的生活场所，也给了一些大型生物固定的食物源……所以，这些以珊瑚为主的生活环境，被称为珊瑚礁生态系统。

❧ [链珊瑚]

链珊瑚是奥陶纪、志留纪特有的一类珊瑚，每个珊瑚虫给自己造出圆筒状的"管子"，聚集在一起就连接成了一条条的"锁链"。

❧ [珊瑚化石]

珊瑚化石，俗称石柱子、珊瑚玉，在《辞海》上记载：珊瑚是"古代珊瑚虫的石灰质骨骼，经石化作用后保存下来的化石……分布在寒武纪、志留纪至第四纪的地层内。"《辞源》中珊瑚虫纲："红珊瑚产于地中海，骨质坚硬，颜色鲜美，可作装饰品。"

❧ [珊瑚生态系统]

🌱 布龙度蝎子——史前毒蝎

布龙度蝎子有着可怕的身躯，它们被认为是体长超过1米的蝎子，在发现的布龙度蝎子的化石咬痕中最大的接近3米，还不包括螯足和尾巴，比现在家里饲养的牛还要大很多。

布龙度蝎子又名步龙度蝎子或雷蝎，是志留纪一种体长超过1米的水生蝎子。布龙度蝎子像现今的蝎子，但体型较大，也有更大的复眼，是当时的一种重要掠食者。

布龙度蝎子长什么样

布龙度蝎子与今天的蝎子非常像，都有着坚硬的外壳，身体两侧有5对附足，靠近头部的那一对是螯钳。有一条长长的尾巴，尾尖处有毒针。根据布龙度蝎子的化石显示，它们的体长至少有1米，根据布龙度蝎

🌱 [布龙度蝎子登陆猜想图]
布龙度蝎子是第一批登陆的生物，它们是如何做到的呢？在BBC拍摄的史前文明系列中有些提示。此图正是该系列视频中关于布龙度蝎子登陆的剧照。

❦ [邮票上的布龙度蝎子化石]

❦ 世界上的蝎子有 1700 余种，需要注意的是，任何蝎子都有毒，毒性大小不同。

子的咬痕，科学家推测出，它的体长可达 2.5 米，甚至更大的 3 米的也有，这个体长还不包括它们的螯足和尾巴。

布龙度蝎子是志留纪时期的重要掠食者，它长有一根粗壮的刺，特别尖锐，可以帮助其很好的游走于海陆之间捕食猎物，很多鱼类和三叶虫基本上都是其可口的食物。在捕猎时，它们先用尾部的毒针刺死猎物，等其失去反抗之后，再利用左右两只大钳子将猎物撕成碎片，享受美食。

此外，布龙度蝎子长着一颗和灯泡大小的毒刺，单单这个就比现在大部分的蝎子总长还大。如果想更清楚地看到布龙度蝎子的长相，可以看看今天的毒蝎，只是其体型比现在的蝎子大了几百倍而已。

最早的两栖动物

两栖动物和水生生物最大的区别，无非就是多了一套可以在陆地生活的呼吸系统。而布龙度蝎子就是最早的两栖动物。它的呼吸是透过其外骨骼上的气孔与肺进行气体交换的，它的鳃和肺由几百层又细又薄的组织构成，可以通过这个组织结构把氧气输送到血液里。

由于拥有这种抗低氧系统，并且有坚硬的外壳抵挡阳光的暴晒，它能够在海岸边的陆地上寻找食物。因而布龙度蝎子与脊椎动物相比，更早地实现了两栖的生活。但由于陆地上没有足够的食物来源，另外在蜕完壳后，需避免在阳光暴晒下脱水而死，所以，它的大部分时间还是在水中生活。

如今的蝎子是典型的陆生生物，从这一点上，它可比不上布龙度蝎子，因为布龙度蝎子能水陆两栖。在志留纪的海底，布龙度蝎子并不是这个时期最强的霸主，但它是当时食物链中特别重要的一环。

❧ 古生物学家推测：一只成年布龙度蝎子一次性释放的毒液可以毒死至少 100 个成年男子。

❧ [毒蝎]

✿ 丁氏甲鳞鱼
——身披奇特鳞片的硬骨鱼类

丁氏甲鳞鱼是继梦幻鬼鱼之后，第二种较完整保存的志留纪硬骨鱼，表明地球早在志留纪就已经进入了"鱼类时代"。

中国科学院古脊椎动物与古人类研究所朱敏团队，2017年3月在云南曲靖市发现了一块长有奇特鳞片的古鱼类化石，这块化石上的鱼类长20多厘米，身体覆盖着厚密、坚硬的菱形鳞片，如同武士身披盔甲。其属名意指其鳞片类似于古波斯步兵手持的柳条编织而成的矩形盾牌，种名则献给云南曲靖志留纪剖面的命名人、中国地质学奠基人之一丁文江先生。

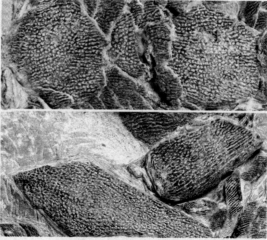

✿ [丁氏甲鳞鱼复原图及化石]

甲鳞鱼与鬼鱼、斑鳞鱼一样，具有由棘刺支撑的膜质骨腰带和肩带，这曾被认为是盾皮鱼独有的特征。肢带将肢骨连接到中轴骨上，二者统称为附肢骨骼，是重要的运动器官。

甲鳞鱼属于肉鳍鱼类干群，有早期硬骨鱼的特征，但它又有肩带、腰带、背鳍棘及头部膜质骨。原始的硬骨鱼类大多有厚重且连接在一起的鳞片，能起到保护作用，像今天的多鳍鱼和雀鳝还保留着类似的厚重鳞片。而随着鱼类的演化，如今常见的鱼类鳞片已变得很薄。

第 7 章
泥盆纪绚丽丰富的
海洋鱼时代

Devonian Age of Splendid and
Rich Marine Fish

继寒武纪、奥陶纪、志留纪之后，地质进入了第四个纪元泥盆纪时期。经过之前生命的累积，到了泥盆纪之后，鱼类生物成为海洋霸主，因此泥盆纪又被称为"鱼类时代"。

第一节
泥盆纪时期的地质变化

❀ 泥盆纪时期海陆争斗

泥盆纪是晚古生代的第一个纪，从距今 4.05 亿年开始，延续了 5500 万年之久，在这一时期形成的地层，地质学家称为泥盆系。

泥盆纪得名始末

之所以叫泥盆纪这个名字，是因为最早在英国西南部的 Devonshire（泥盆郡）开始研究，早先日本学者将 Devon 译成片假名"泥盆"，所以才有了这个怪名字。其实英国这一时期的地层和古生物都不如欧洲其他地方好，无奈最早研究命名在先 (1839 年)，只得任之。

❀ [早泥盆纪时期地理情况]

劳亚大陆：劳伦古大陆以北美地块为主体，加上苏格兰、部分的爱尔兰。

欧美联合大陆：劳亚大陆的西部，由劳伦古陆和波罗地古陆构成超大陆，亦称欧美联合大陆。（波罗地古大陆主要包括乌拉尔以西的俄罗斯地台、芬兰、斯堪的纳维亚半岛。）

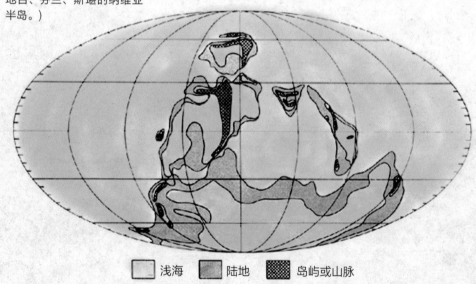

☐ 浅海　▨ 陆地　▨ 岛屿或山脉

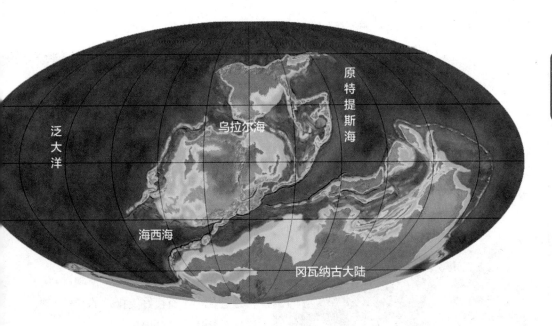

泛大洋

乌拉尔海

原特提斯海

海西海

冈瓦纳古大陆

泥盆纪地球面貌

泥盆纪时期，地球板块活动剧烈，泥盆纪古地理主要由冈瓦纳大陆、劳亚大陆、欧美大陆及其间的古地中海和古太平洋组成。

泥盆纪早期，劳伦大陆与波罗地大陆碰撞、合并而成欧美大陆。之后，欧美大陆与冈瓦纳大陆逐渐靠近，到晚泥盆纪时期，在当时的赤道附近，这两个超大陆开始逐渐拼合，为日后潘基亚超大陆形成奠定了基础。

泥盆纪地壳运动使得大陆分裂引起海侵，大陆合并引起海退。此时，海水覆盖面积约占地球的 85%，已经形成了北半球的古太平洋，另外，位于冈瓦纳古大陆以北的古地中海和各地陆板块之间的狭窄地带，也形成了陆间海。

随着志留纪气候的进一步增暖，到了泥盆纪时期，由于冰川的持续融解，形成了温暖而湿润的气候，陆地上森林繁茂，形成了海、陆生物较好的生存空间。

❧ [晚泥盆纪时期陆间海]
海西运动由德国海西山得名。指的是起初在德国用于不同时期褶皱、断裂作用造成的任何山地。从泥盆纪开始，最先出现在加里东运动中的大陆块从浅海广布向陆地转化的倾向更加明显，海陆形势发生巨大变化。

❧ 泥盆纪古地理的基本构架主要由冈瓦纳大陆、劳亚大陆、欧美大陆及其间的古地中海和古太平洋组成。

🌱 泥盆纪时期的生物变化

经过志留纪的潜藏，到了泥盆纪时期，无论是海、陆生物都有了空前的发展，形成了泥盆纪时期著名的海洋鱼时代。

随着志留纪的结束，地球进入了古生代的后半程，地球的历史走到泥盆纪，就像奥陶纪延续了寒武纪一样，泥盆纪也承接了志留纪的兴旺，生物的种类和数量都达到了空前的规模。

🌿[位于德文郡托斯的泥盆纪早期的地质石层]
泥盆纪时期的沉积物分布在世界各地，而且沉积总量比其他古生代其他各系都大。

同时，泥盆纪的生物也发生了一次大变革，鱼类终于长出了下颌骨，并且进化出了有良好支撑性的脊椎。脊椎动物进入飞跃发展时期，最早的硬骨鱼和最早的陆生动物开始出现。广袤的海洋中出现了各种各样的鱼类，因此泥盆纪被称为"鱼类时代"。

原始海洋脊椎动物

泥盆纪时期脊椎动物开始了一次几乎是爆发式的发展，这个时期各种鱼类空前繁盛，淡水鱼和海生鱼类都相当丰富。

泥盆纪初期的鱼类以原始无颌类为多，有颌具甲的盾皮鱼类、无颌的甲胄鱼类以及真正的鲨鱼类数量和种类开始增多，还出现了身长达 9 米、具重甲的鲨鱼状的节颈鱼类。现代鱼即硬骨鱼也开始了发展。

到了泥盆纪中、晚期，有颌具甲的盾皮鱼类已经相当繁盛，并且进化出了原始的颚，偶鳍发育，成歪形尾。在陆地上，原始的爬行动物——四足类脊椎动物开始出现。

泥盆纪晚期，鱼类开始踏上征服陆地的旅程，慢慢地向陆地进发，并最终登陆成功，进化为最早的两栖动物。这种动物就是新类型的有肺鱼类，它们最大的特点是既有鳃也有肺，用肺辅助在陆地的呼吸，这是登陆成功最重要的一步。另外，有肺鱼类还将鳍进化成肉状四肢，而且将鳔演化为肺，使其能够在水面上生活，同时又能在陆地上有一定的运动能力。

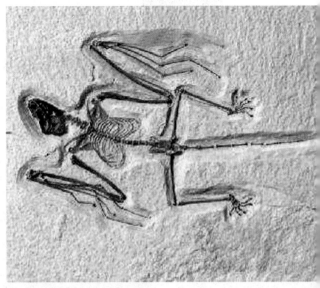

❀ [泥盆纪时期蕨类植物化石]

原始海洋无脊椎动物

海洋无脊椎动物的组成在此阶段也发生了重大变化，泥盆纪主要无脊椎动物由造礁珊瑚、海绵、棘皮动物、软体动物和众多的腕足类动物组成。

在寒武纪时称霸海洋的三叶虫，在此时已经很少了，仅剩的极个别代表，数量少，却体型庞大，最大能长到70厘米左右。

❀ [泥盆纪时期鱼类化石]

菊石中的棱菊石类和海神石类开始繁盛起来，并逐渐取代鹦鹉螺类成为软体动物中的主要类群。而珊瑚类，仍以床板珊瑚和四射珊瑚为主，其中泡沫型和双带型四射珊瑚相当繁盛。此外，昆虫类化石最早也发现于泥盆纪，还有些淡水蛤类和蜗牛也开始出现。

曾称霸海洋的节肢动物和软体动物走向没落，自泥盆纪之后的4亿年里，脊椎动物都稳稳占据着地球上最庞大、最强壮、最凶猛的动物宝座。

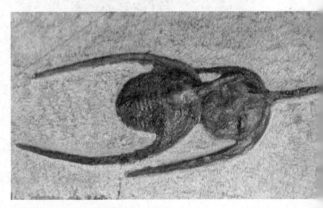

❀ [泥盆纪时期动物化石]

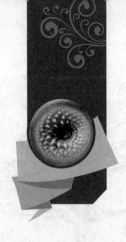

第二节
鱼类时代的泥盆纪

❀ 甲胄鱼——头顶锅盖进化

　　泥盆纪时期的鱼类多种多样，其中特征最为明显的就是甲胄鱼。它的头部顶着一个像锅盖一样的头骨，游动速度很慢。

　　科学家从志留纪中期的海洋沉积物化石中，发现了最早的脊椎动物的化石：身体细长呈管状，没有上下颌，只在身体的前端有一个吸盘状的口，眼睛后面及头部各

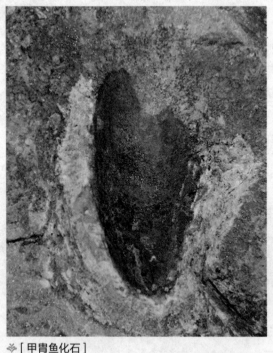

❀ [甲胄鱼化石]

甲胄鱼外形似鱼，最大的特点是头及身体外部披有骨板，没有下颌。就像上图一样，这块化石只留下了它头的部分。

❀ [甲胄鱼化石]

Devonian Age of Splendid and Rich Marine Fish

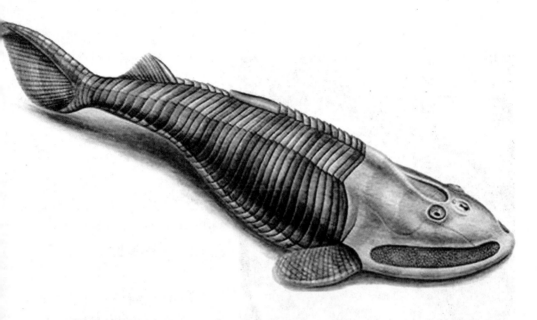

有一排圆形的鳃孔,有可以分成上下两叶的尾鳍,下叶长、上叶短,这样的尾巴叫作歪形尾,这种动物与现在仍然存在的七鳃鳗有很多相似之处,这就是最早的脊椎动物。

到了泥盆纪时期,这种早期的脊椎动物达到了繁盛,各种各样的无颌鱼形脊椎动物的化石相继被发现。

这时候的脊椎鱼类,依旧没有上下颌骨,好像头顶着一个大锅盖,作为取食器官的口还是不能张合,只能靠吮吸,甚至靠水的自然流动将食物送入口中食用。而且此时的无颌鱼类身体前部的体表,分布着骨板或是鳞甲,起着保护身体的作用,因此它们一般被称为甲胄鱼类,是最早的鱼类。

由于出土的化石局限性,我们只能借助今天的七鳃鳗来看下无嘴鱼类的特点。

❦ [甲胄鱼复原猜想图]

❦ 甲胄鱼是最古老的脊椎动物。

❦ [邮票上的甲胄鱼]
为了纪念发现甲胄鱼化石而发行的邮票。

七鳃鳗体内有一根脊索骨，结构类似于脊椎。七鳃鳗喜欢吸附在其他鱼身上，先用坚硬的舌头在它吸附的鱼身上刺一个洞，然后吸吮鱼身上的液体。七鳃鳗的唾液中有一种抗凝血剂，能使它所吸附的鱼血流不止，某些七鳃鳗也吃肉类。不管多么凶猛的鱼一旦被七鳃鳗粘上，那就必死无疑。

作为能够存活至今的古老鱼类，七腮鳗的进化捕食方式，确实与其他鱼类不同，血液中的营养比直接进食生物更加简单粗暴。若是嘴不能动，而只能被动靠水流进食，又能成功捕获多少猎物呢？由此可以看出，甲胄鱼类在地质历史上的分布比较局限，仅延续到泥盆纪。当许多沿着不同进化路线，迅速发展起来更为先进的有颌类脊椎动物出现之后，无颌的甲胄鱼类最终在生存竞争中失败了。

❧[多鳃鱼化石]
这条甲胄鱼保留的头盖骨非常完整，可以看出是呈一个倒三角的形状。

到了泥盆纪末期，除了少数适应某种特殊生活方式的残余种类之外，绝大多数甲胄鱼类退出了历史舞台。

❧ 甲胄鱼生活在淡水中，最早出现于奥陶纪，泥盆纪末灭绝。重要的化石代表为头甲鱼目及鳍甲目，中国南方早泥盆纪的盔甲鱼及多鳃鱼均属此类。

❧[甲胄鱼猜想图]

🌸 盾皮鱼——行动缓慢的"老爷车"

盾皮鱼是一类已经灭绝的鱼类，也是一种原始有颌鱼类，身披骨甲，是鱼类中比较庞杂的一大类群。

盾皮鱼可能是最原始的颌口鱼类。它们初见于志留纪，至泥盆纪则称霸水域，具头盾和躯盾，由颈部一对关节连接，头部异常坚硬，正因如此，盾皮鱼的化石比其他化石保存得更加完美。

全颌盾皮鱼

同甲胄鱼一样，盾皮鱼的头部依旧被许多骨质的甲片包裹着，防备敌人的进攻。不仅如此，盾皮鱼的胸部也装备了甲片，躯体的后部覆盖着鳞片，让敌人无从下口。带着这么多的装备游动，我们可以想象，盾皮鱼和甲胄鱼同属当时海洋中的"老爷车"，臃肿笨重，行动迟缓。

不过两者的内部结构却并不相同，盾皮鱼已具有上、下颌及较发达的偶鳍，因此是标准的鱼类。

鱼类居然长了肌肉

有了完整的上下颌骨，肯定需要肌肉的反复拉伸，完成咬合动作，盾皮鱼肯定是有肌肉的。

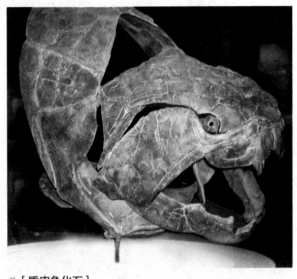

🌸 [盾皮鱼化石]

这是著名的盾皮鱼家庭的巨霸级成员——邓氏鱼的头骨，从这上面可以看出，它的头骨非常的重。

🌸 [盾皮鱼化石 - 侧面]

❦ [盾皮鱼复原猜想图]

❦ 英国《自然》杂志曾称，人脸的进化起源是一种名为"盾皮鱼"的已灭绝远古鱼类。

科学家通过分析化石，发现盾皮鱼除了有肌肉，它们身上还有一对腹肌。这是只有陆地生物才有的肌肉，而盾皮鱼却有，这不禁让人猜想，或许它与陆地生物有着某种联系？

❦ [全颌盾皮鱼复原绘制图 –《自然》杂志]

在我国滇东地方的泥盆纪找到了原始的硬骨鱼类的化石，研究者朱敏等人发现了这种化石。2013年，朱敏等人在英国《自然》杂志上介绍了全颌盾皮鱼类的第一个成员——初始全颌鱼。

从体外受精到体内受精的转变

直到如今，不少鱼类依旧是靠体外受精的方式，繁衍下一代，而生活在泥盆纪的盾皮鱼，就已经开始了体内受精，这种受精方式繁殖效率更高，同时也是生物进化的标志。

盾皮鱼既可以生活在海水中，也可以生活在淡水中。它们虽然体型不大，身长约 25 厘米，但却属于比较凶猛的捕食动物，以无脊椎动物和水底杂物为食。只是科学家们到目前为止还不清楚：行动速度缓慢的它们，是怎样完成捕食的？

※ 下颌骨的出现，是鱼类的重大进化阶段，通过全颌盾皮鱼图可以看出，这条鱼的下颌已经非常完整了，进化不可能一蹴而就，肯定会存在中间过渡阶段的鱼类，不久，果然在我国曲靖市麒麟区找到了一种过渡的颌骨鱼——麒麟盾皮鱼。

※ [麒麟盾皮鱼复原绘制图 –《自然》杂志]

麒麟盾皮鱼体长约 20 厘米，它的下颌只有一块简单的下颌骨，并且还保留着卷入口中的部分，而不像全颌鱼和当今的硬骨鱼那样，只有一条窄窄的咬合面。

※ 盾皮鱼类中最显赫的一族叫作恐鱼。在寒武纪早期的海洋中，曾经生活着身长 2 米的奇虾，长有两只巨大的前臂，在海洋中称王称霸。而泥盆纪晚期出现的恐鱼，单是它头胸甲的尺寸，就超过了奇虾的身材，成为继奇虾之后的海洋霸主。

※ 麒麟盾皮鱼的名字一语双关，既以发现地曲靖市麒麟区命名，也寓意它像传说中龙头、鹿角、麋身、牛尾的神兽麒麟一样，集多个类群的特征于一身。它的头部既有点像海豚，又有点像鲟鱼，其躯体呈现长长的箱形，底部平坦。

🌸 真掌鳍鱼——第一种淡水鱼

真掌鳍鱼在泥盆纪非常普及，它的化石也比较多，通过化石情况来看，它的鳍有可能为日后进化为四肢的肉鳍提供参考。

真掌鳍鱼是一种比较古老的鱼类，主要生活在距今4亿年前的泥盆纪，这种鱼类长相十分奇特：体表有鳞，并有供呼吸用的内鼻孔和鳔，它们的头骨、牙齿的类型以及肉鳍骨骼的排列方式与原始两栖动物非常相似，而且最关键的是它是一种淡水鱼。

在距今3.6亿年前的地球上，气候变化导致许多湖泊干涸或水质变坏。真掌鳍鱼就靠内鼻孔、鳔和肉鳍的优势，慢慢爬上了陆地，经过漫长而艰难的历程，在连续不断的世代演变中，它们逐渐变成了两栖动物。

❀ [真掌鳍鱼化石]

❀ [真掌鳍鱼复原猜想图]

真掌鳍鱼与早期两栖动物的相似点很多：除了头骨、牙齿和偶鳍上的相似之外，它们在脊索周围有一系列骨环，骨环之间有小的骨穗，每一个环上有一根向后上方突起的脊。这些结构与早期两栖动物脊椎的结构已经非常相似了——骨环相当于椎间体，骨穗与椎体相当，而突起的脊椎则与两栖动物脊椎上的脊如出一辙。因此，有些科学家认为，从真掌鳍鱼到陆生脊椎动物在进化上只差爬上陆地那短短的一步了。

🌿 裂口鲨——最古老的鲨鱼

裂口鲨是泥盆纪时期最凶猛的软骨鱼类，也是已知的最古老的鲨鱼。

裂口鲨是一种已灭绝的鲨鱼，仅生存于泥盆纪中期，其化石发现于美国俄亥俄州的古生代地层中。

裂口鲨长什么样

根据出土的化石标本显示，裂口鲨体长 42 ~ 200 厘米，体型与现代鲨鱼相似，唯一的区别在于，现代鲨鱼的口通常都是横裂缝状的，而裂口鲨的口却是直裂缝的，而且它的口在头的正中央位置。

裂口鲨的上颌骨由两个关节连接在颅骨上，一个紧挨在眼眶后面；另一个则位于头骨后部，这样的上颌与颅骨的连接方式叫作双连接，是相当原始的连接方式。裂口鲨的牙齿中间有一个高齿尖，其两侧各有一个低齿尖，适合咬住猎物，许多古老的软骨鱼类的牙齿都是这样的结构。它的颚骨关节比现代鲨鱼的脆弱，但有更为强壮的颚骨肌肉。它有长及流线型的身体，深叉形的尾巴，可见它是游泳能手。裂口鲨有可能是以尾巴包围猎物，并将猎物整个吞下。

被另一种凶狠的鱼怼

裂口鲨的结构在许多方面都代表了原始软骨鱼类的样子，接近于软骨鱼类进化系统主干线的基点，后期的鲨类就是从这里出发沿着各自的进化方向发展的，是日后刺鲨目、弓鲛目、异齿鲨目、六鳃鲨目、鼠鲨目和鳐目等的原始祖先。裂口鲨在泥盆纪称霸了很漫长的一段时间，后来由于盾皮鱼家族出现一个新的大家伙——邓氏鱼，使得裂口鲨很快便在泥盆纪海洋中无法独霸天下。

❦ [裂口鲨化石]

❦ [裂口鲨复原图]

❧ [邓氏鱼复原图]

❧ 邓氏鱼——新时代海洋霸主

敢怼裂口鲨的就是邓氏鱼，这种鱼有着庞大的身体和惊人的咬合力，凭此成为新时代的海洋霸主。

❧ 在 BBC 的纪录片中，邓氏鱼被描述成了一种深海鱼类，然而根据目前对于邓氏鱼头骨的研究来看，这种鱼类的活动范围，主要应该还是在近海地区，因为它们沉重的头骨，使得它们并不适合进行长距离的游动。

在泥盆纪时期，由于一些脊椎动物出现了下颌骨，使得它们有了"咬"的能力，从而使它们的嘴巴瞬间从以前的过滤口（就像七鳃鳗一样），变成了可以撕咬食物的武器，这直接帮助它们登上了食物链的顶端。表现最明显的生物就是盾皮鱼家族中进化出来的最有特点的一种鱼——邓氏鱼，它们生存在距今 4.3 亿~ 3.6 亿年前，是已知盾皮鱼家族中体型最大的鱼类，也是泥盆纪海洋中的绝对霸主。

凶猛的样貌

从复原的化石来看，邓氏鱼背部颜色较深，腹部呈银色。长着强壮的像鲨鱼一般的身躯，体长 11 米左右，体重约 6 吨。它继承了盾皮鱼的特点，在头部与颈部覆盖着厚重而坚硬的骨骼，它们是体型庞大而凶猛的肉食鱼类，但是它们却没有真正的牙齿，代替牙齿的是尖锐的骨状物，如铡刀一般，非常锐利。

无鱼匹敌的咬合力

科学家们利用邓氏鱼的头骨化石重建鱼头的模型，并对其进行试验的结果发现，邓氏鱼嘴巴张合的速度惊人，可以吃掉海洋里的任何生物。它虽然没有真正意义上的牙齿，但是嘴巴的咬合力，几乎是如今大白鲨的两倍。

巨大的吸力

邓氏鱼虽有惊人的咬合力，可是它却有着笨重的身躯，游泳的速度慢，往往追不上猎物，不过，邓氏鱼有另一项技能弥补不足，那就是"巨大的吸力"。邓氏鱼能在 1/50 秒的时间内张开大嘴，用强大吸力把猎物吸进胃部。巨大吸力和强劲咬合力同集一身，使邓氏鱼成为海洋中的罕见生物。

吃货邓氏鱼的悲哀

邓氏鱼生活在较浅的海域，主要食物为鲨鱼、硬骨鱼、三叶虫、菊石、鹦鹉螺、盾皮鱼等。邓氏鱼拥有异常旺

❀ [巨齿鲨的牙齿]

将巨齿鲨与邓氏鱼进行对比，从咬合力的数据来看，巨齿鲨要完胜邓氏鱼，但实际上两者的体型相差太大了，6 吨左右的邓氏鱼在 70 吨的巨齿鲨面前就像一条小虾米，邓氏鱼的头还没巨齿鲨的嘴一半大，而且两者生存的年代相差数亿年，巨齿鲨的身体各项机能都远强于邓氏鱼。

❀ [邓氏鱼的牙齿]

邓氏鱼骇人的牙齿其实是一种原始的骨板，并且也是头骨外骨骼的延伸。

✤ [波兰发行的邓氏鱼复原邮票]

✤ 目前发现的邓氏鱼化石，几乎全部都是它们的头部外骨骼化石，对于邓氏鱼整体的复原，实际上不得不借鉴当时一些同类鱼的化石，因此其中有较大的不确定因素。

盛的食欲，没有食物时还会食用自己的同类，然而邓氏鱼的胃却不是那么的强悍。

科学家们在邓氏鱼化石的周围，经常能发现从其胃部反刍出来的不能消化的食物残渣化石，比如其他盾皮鱼类的头甲和软体动物的碳酸钙质的外壳等。可见，这对邓氏鱼来说是多么的悲惨，能吃却没法消化，真是吃货的悲哀！

邓氏鱼虽然在泥盆纪有着绝对的优势，但其劣势也是显而易见的，其庞大的身躯极大地影响了它的游动速度和灵敏度，这使得它在泥盆纪末期地球的环境变化中，无法适应海洋的变化，最终退出了生物繁衍进化的舞台。就连与邓氏鱼有着血缘关系的其他盾皮鱼家族成员，也于泥盆纪末期全部走向了灭绝，至今在海洋里已经无法找到任何与它有血缘关系的后代，而当时曾见证过它称霸海洋的鹦鹉螺、腔棘鱼、七鳃鳗等为数不多的活化石生物，依然生活在今天的海洋中。

优胜劣汰的自然法则，终究会抛弃那些不能始终适应环境的生物，不管它曾经有着怎样的辉煌。

✤ [最被接受的邓氏鱼的形象]

🌿 腔棘鱼——存活至今的活化石

　　腔棘鱼在泥盆纪遍布世界各地的海洋中，人们一度以为它就像许多远古鱼类一样灭绝了，没想到它却依然顽强地存活于海洋深处。

腔棘鱼的祖先

　　在泥盆纪，腔棘鱼的祖先凭借强壮的鳍爬上了陆地。经过一段时间的挣扎，其中一支越来越适应陆地生活，最终进化成为真正的四足动物；而另一支在陆地上屡受挫折，不得不重新返回大海，并在海洋中寻找到一个安静的角落，成为今天腔棘鱼的祖先。

🌿 腔棘鱼最早出现于4亿多年前的泥盆纪早期，当时在地球上极其丰富。曾经被认为已经灭绝的腔棘鱼，于1938年重新被发现。

🌿 [腔棘鱼－博物馆标本]

丑陋的外形

　　腔棘鱼体长1.5米左右，身体呈纺锤形，全身披有很厚的鳞片，鳞上还附有小刺。这种鱼的胸部和腹部各长着两只与其他鱼类比起来既肥大又粗壮的鱼鳍，呈四肢状，尾部有多余的圆形突出。腔棘鱼拥有在其他鱼类中罕见的颅内关节，可以随意抬起头的前部。

腔棘鱼存在的证据
🌿 1952年12月，一条腔棘鱼被捕获；
1955年7月，在科摩罗群岛近海270～1519米的深海处共捕捉到15条活的腔棘鱼。

进化的重要证据

如今的腔棘鱼继承了泥盆纪时期体型巨大、长相古怪的特点，这点我们可以通过其复原图看得出来，但还有一点更特殊的是，总鳍腔棘鱼类不但能呼吸空气，而且还能将鳍当作脚来走路，这是鱼类向两栖动物进化的重要证据。

❧ [腔棘鱼化石]

曾经遍布海洋的鱼类

腔棘鱼是一种非常古老的鱼类，大约在 4 亿多年前的泥盆纪早期开始出现，由于其繁衍速度比较快，环境适应能力比较强，因此它们曾经是海洋中分布范围最广、最常见的鱼类之一。

腔棘鱼肉质肥厚，曾经是那个时期捕猎者最喜欢也最为常见的猎物。

❧ [腔棘鱼纪念邮戳]

发现现存腔棘鱼

腔棘鱼曾一度被认为是已经灭绝的品种，没想到，人们居然还有能再见它真实容颜的时刻。

1938 年 12 月，有渔民在南非的一个浅海水域捕捞到了一条怪模怪样的鱼，长 2 米左右，而且面相狰狞，渔民们以前从未见过如此模样的怪鱼，后来经过古生物学家鉴定，认为这是一种被认为早在 6000 万年前就已灭绝的鱼类，属于一个非常古老的鱼类亚纲，是所有两栖类、爬行类、鸟类和哺乳类动物的直接祖先，也是人们一直认为它们像恐龙一样早已灭绝了的古代海洋生物——腔棘鱼。

这之后，人们又多次在世界多个海域中发现腔棘鱼。

🌿 肺鱼——存活至今的淡水鱼

肺鱼是一种和腔棘鱼类相近的淡水鱼。曾在泥盆纪时期大量出现，现在仍有少量生活在水中，是标准的活化石生物。

肺鱼是在 1830 年被发现的，比腔棘鱼的发现几乎早了一个世纪。像腔棘鱼一样，肺鱼过去被许多科学家认为早已灭绝了。在发现活体生物之前，科学家们已从 4.5 亿年前泥盆纪地质层中发现了它的化石。

🌿 [肺鱼]

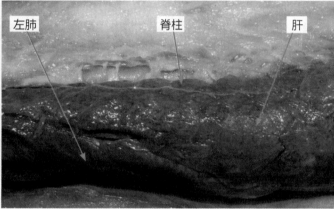

左肺　　脊柱　　肝

🌿 [肺鱼的肺解剖图]

肺鱼的"肺"与陆生动物的肺很接近，是从鱼鳔进化而来的。对于大部分鱼类来说，鱼鳔只具有漂浮作用，而肺鱼则利用鱼鳔从空气中吸收和储存氧气。

肺鱼在非洲、南美以及澳大利亚的河流、沼泽、湖泊中都有发现。肺鱼在离开水体后凭借由鱼鳔演化而来的"肺"仍能生存。即使是在枯水时期，它们也能钻入淤泥之中进行夏眠，眠期可达数月之久。

非洲肺鱼可以不吃不喝睡 3 ~ 5 年，当河水再来时苏醒。在这个过程中它们的生物钟被调慢，进入了休眠状态，不吃不喝也不排泄。有些肺鱼已适应了水体外的生活，以至于当它们再回到水中时，会由于缺氧而可能被淹死。

❀ 七鳃鳗——仅存的无颌鱼类

七鳃鳗是一种古老的动物，包括人类在内的脊椎动物都是从类似七鳃鳗的原始鱼类进化而来，不仅如此，它还是一种以吸食血液为生的动物，甚至还可能害死了一位国王。

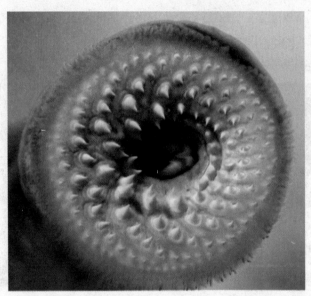

❀ [七鳃鳗的牙齿]
七鳃鳗的样子很像一般的鳗鱼，身体细长，呈鳗形，但是它的嘴不分瓣，是一个圆形的吸盘，长着一圈圈的牙齿。

七鳃鳗在泥盆纪早期就已经出现，它们已经在地球上存活了 3.6 亿年，它们是为数不多的无颌鱼类，对生物学家们研究脊椎动物的演化进程起到重要的作用。

为什么叫僵尸鱼

七鳃鳗又被称为"僵尸鱼"。它们通常喜欢用吸盘状的口吸附在鱼身上，再用牙齿锉破鱼体，吸食其血和肉。七鳃鳗代谢慢，不必进食很多，而且它们没有成形的胃，只有一个漫长的肠道，所以通常情况下，它们吃两口就饱了。不过也有的七鳃鳗会一直依靠同一个宿主，直到这个宿主只剩一身尸骨。

头部有七个孔

七鳃鳗，顾名思义就是有七个鳃，但它的鳃不是人们所见到的那种鱼类的鳃，而是在其头部的七个孔，这就是它的鳃。

论长相，七鳃鳗有点不伦不类，它们细长的身体光滑无鳞，像蛇和泥鳅，长长的脊椎贯穿全身；上半部分的身体光秃秃的，下半部分的身体长着鱼类才有的背鳍、腰鳍和尾鳍。

❀ 伊丽莎白二世女王曾收到过格洛斯特市赠送的七鳃鳗派，以祝贺她的加冕，后来在 25 周年和 50 周年时又各收到一个七鳃鳗派。

❧ [七鳃鳗]

一盘七鳃鳗引发的战争

公元 1135 年，在英格兰和诺曼底（当时受英国王室统治）之间爆发了一场内乱，引发这场内乱的不是被剥夺公民权的年轻人，而是一盘鱼。

根据文献记载，英格兰诺曼底王朝国王亨利一世（又称儒雅者亨利，是征服者威廉的第四子，于 1100—1135 年间在位）酷爱七鳃鳗的美妙滋味。据说，后来他在诺曼底因为食用了太多七鳃鳗后腹胀而死。在他去世之后，有资格继承王位的候选人开始了一场争夺权力的战争。

后来经过历史学家的鉴别，证明这个故事是伪造的。但是这个故事也可以证明过量贪食七鳃鳗是有危险的，但这点对当今的人们来说并不太可能，因为七鳃鳗的鱼肉太昂贵了。

虽然我长得丑，可是我很美味

虽然七鳃鳗张开圆盘似的嘴，会露出满嘴不太讨喜的大黄牙，但是它却被欧洲人奉为极品的美味。因为在中世纪时，只有贵族和王室成员才能享用七鳃鳗。

❧ [捕捉七鳃鳗 –15 世纪]

时至今日，七鳃鳗依然是法国、西班牙、葡萄牙等欧洲国家的昂贵珍馐，韩国、朝鲜一带也有食用七鳃鳗的习惯。

❀ 小卷壳鹦鹉螺——生命奇迹创造者

直壳鹦鹉螺灭亡了，而作为它的近亲的小卷壳鹦鹉螺却存活至今，它不愧是生命奇迹的创造者。

小卷壳鹦鹉螺是一种海洋软体生物，出现于奥陶纪，同时期盛行的鹦鹉螺还有直壳鹦鹉螺，直壳鹦鹉螺在三叠纪彻底灭绝了，而小卷壳鹦鹉螺却顽强地活了下来，

❀ 研究显示，新生代渐新世的螺壳上，生长线是 26 条；中生代白垩纪是 22 条；中生代侏罗纪是 18 条；古生代石炭纪是 15 条；古生代奥陶纪是 9 条。由此推断，在距今 4.2 亿年前的古生代奥陶纪时，月亮绕地球一周只有 9 天。

❀ [鹦鹉螺化石]

生命一直延续到现如今，它成功地躲过了地球历史上的几次生物灭绝，它创造了一次又一次生命的奇迹，值得被世人知晓。

小卷壳鹦鹉螺长什么样

小卷壳鹦鹉螺的外壳最大有 26 厘米左右，比奥陶纪中的海洋霸主直壳鹦鹉螺小很多，呈螺旋形，贝壳弯曲，软体躲藏于壳内，贝壳左右对称。壳面光滑，呈灰白色，具有多条红褐色的火焰条状斑纹，生长纹细密。

不被淘汰的保命技能

看似普通的小卷壳鹦鹉螺为什么可以躲过几次生物大灭绝，而安然地活到现在呢？带着这种疑惑，生物学家开始对栖息在巴布亚新几内亚沿海的小卷壳鹦鹉螺进行研究。

研究结果发现，小卷壳鹦鹉螺能够在含氧量很低的海水中生存好几天，甚至还能在完全无氧的水中生存几

第 7 章　泥盆纪绚丽丰富的海洋鱼时代

❧[鹦鹉螺]

个小时。通常，在缺氧的情况下，小卷壳鹦鹉螺会将身体蜷缩在壳内，同时放慢心跳（每分钟只有 1 ~ 2 次），以求安然渡过危机。但一旦氧气充足，小卷壳鹦鹉螺便会迅速调节心跳速度，并且开始缓慢地移动，恢复到常态。

小卷壳鹦鹉螺能够在缺氧的环境中存活，和其自身的氧源有一定关系，它的氧源来自于两方面：其一，小卷壳鹦鹉螺血液对氧的亲和力非常高，所以它的血液能够携带大量的氧气；其二，小卷壳鹦鹉螺的外壳气腔可存储氧，虽然存储量少，但好歹可以在危急的时候提供

一些帮助。

通过以上两个方面可以看出，小卷壳鹦鹉螺能够躲避几次大生物灭绝，靠的是在低氧环境下具有好的保命办法。

适应是创造生命奇迹的法宝

在缺氧的环境中，小卷壳鹦鹉螺会躲进壳中，等到环境中氧气越来越充足时，它就开始活动，这是它的自救的本能，它还有其他很多本能。比如在氧气充足的环境下，大量的海洋生物，尤其是海洋鱼类得到了很好的进化。比如像章鱼和鱿鱼，这些生物拥有快速游泳的技能，是小卷壳鹦鹉螺的天敌，小卷壳鹦鹉螺为了适应变化了的环境，移居到了较深的海水中，以躲避来自它们的威胁。

为了活命，长期以来，小卷壳鹦鹉螺已经

❧ [鹦鹉螺化石邮票]

1952 年 9 月阿尔及利亚主办第十九届国际地质大会，首次为大会发行了一套纪念邮票，其中第一枚邮票上出现的就是鹦鹉螺化石，它距今已有 4.5 亿年的历史。此后，鹦鹉螺化石图片就频频在邮票上出现。

❧ [第一艘核潜艇——"鹦鹉螺"号]

1954 年世界第一艘核潜艇"鹦鹉螺"号诞生，"鹦鹉螺"号整个艇体长 90 米，航速平均为 20 节，最大航速 25 节，可在最大航速下连续航行 50 天、全程 3 万千米而不需要加任何燃料。该艇与当时的普通潜艇相比，航速大约快了一半。

习惯了黑暗、缓慢的生活方式，它们用前肢轻轻地探索生活在海里的微小生物，等待着进食的机会。

由于动作缓慢，它们在抓捕猎物及进食过程中消耗的能量非常少，它们采用这种悠闲自在、缓慢生长、降低能量的方式生活，加上能够适应缺氧的特殊能力，才使它们成为海洋中的幸存者。

小卷壳鹦鹉螺就是靠这些办法，躲过了奥陶纪生物大灭绝，又躲过志留纪来到了泥盆纪，它还将生命延续到如今……

❦ 美国两位地理学家根据对鹦鹉螺化石的研究，利用万有引力定律等物理原理，计算了那时月亮和地球之间的距离，得到的结果是，4 亿多年前，两者的距离仅为现在的 43%。科学家对近 3000 年来有记录的月食现象进行了计算研究，结果与上述推理完全吻合，证明月亮正在远去。鹦鹉螺对揭示大自然演变的奥秘真是功不可没。

❦ [鹦鹉螺杯]

出土于东晋南京王兴之夫妇墓的鹦鹉螺杯以海洋中的稀有贝类动物鹦鹉螺壳为杯身，壳外用铜边镶扣，两侧装有铜质双耳，螺内自然形成的水车轮片状可以储存酒，构思精巧，造型独特，是目前为止六朝考古中唯一的一件。

第三节
泥盆纪末期生物大灭绝之谜

繁盛的泥盆纪鱼类时代还是走到了末路，迎来了又一次严重的生物大灭绝，但到底是何原因导致了本次的生物灭绝呢？

生物丰富的泥盆纪，慢慢地也迎来了它的末日，晚泥盆纪生物大灭绝是地球历史上五大生物灭绝事件之一。它导致 80％ 的物种灭绝，繁盛的泥盆纪珊瑚礁生态系统也消亡了。

原因猜测之一：频繁活动的火山

到底是何原因导致泥盆纪末期生物大灭绝，一直以

❧ [火山喷发前期]

来都是一个未解之谜，而火山爆发导致生物灭绝是一种最有力的猜测之一。

据西里西亚大学的研究人员称，摩洛哥、德国和西伯利亚有些岩石的历史可追溯到距今 3.72 亿年前的同一地质层段，这些岩石从黑色页岩、灰色页岩到石灰石不等，厚度从几厘米到几米不等。然而它们都有一个特别显著的特点：有一个极高的汞峰值。

这就意味着，在这一时期，即 3.72 亿年前左右，是一次大规模的火山喷发的时期，而这时期正经历着泥盆纪生物灭绝事件，这与火山喷发的地理事件在时间上相当吻合。

或许，人们应该意识到，不管是何原因引起的地质变化，都没有火山喷发对生命造成的威胁更为直接，伤害更为彻底。

原因猜测之二：缺氧

泥盆纪的生物与当今生物差不多，也依靠海洋中的氧气存活，而当时由于火山喷发而大量燃烧氧气之后，

❀ [静谧的海底]

海洋也开始变得缺氧。

如果地表的火山喷发，势必会引起地球的升温，同时，也会因为火山的喷发而减少空气中氧气的含量。

如果说喷涌的岩浆不足以杀死海洋中的大量生物，那么火山喷发之后的 5000 年，二氧化碳开始扩散，导致了地球气温的迅速升高，甚至高达 30℃，洋流也停止了，在赤道地区，曾经的海洋生物的乐园——珊瑚也大片地死亡。

之后又连续 10 万余年，火山的岩浆不停地喷发，导致了陆地植物大量死亡，这给海洋增加了又一重的灾难。

大量的土壤被岩浆带进了海洋，里面夹杂了许多养料，使得海藻疯狂生长，消耗了海水中的大量氧气，海洋中的生物开始因窒息而死亡。

这是导致泥盆纪末期生物大灭绝的另一种猜测。

原因猜测之三：停止工作的大洋传送带

地球气温的持续攀升，输送氧气的高速通道——大洋传送带停止工作了，这对地球来说简直是灾难中的灾难。

地球上的海水，每一秒的流动，以及常见的潮涨汐退，都是由大洋传送带的力量推动的。

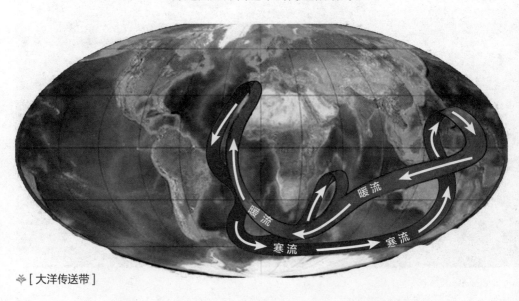

❧ [大洋传送带]

大洋传送带的运动轨迹是这样的：当墨西哥温暖且盐度较高的海水流到北大西洋时，水温便会降低、水流的密度增加，沉到海洋中较深的地方。同时，将冰冷的海水推向南面，经非洲到达南大西洋。密度高、温度低的海水成为大洋传送带的一部分，但这些海水最终会在印度洋和太平洋再次浮上海面。之后，温暖的海水重回大西洋后便会向两极流去，同时，大西洋流及北大西洋暖流会继续温暖着欧洲的西北部……

❧ [**大洋传送带停滞带来的灾难**]

上图是电影《后天》的剧照，该剧讲述了由于大洋传送带停滞，导致地球气候变异，地球陷入冰河纪的故事。

大洋传送带不断地将低纬度地区赤道附近的热量，和盐度低的海水带到中高纬度的海域，从而缓和了北半球中高纬度地区温度的变化，维持着全球气候系统的平衡。

古气候学家认为，在地质史上，大洋传送带的停滞影响全球气候的情况早有先例。约 12 900 年前，当时正值冰期后期，全球气候逐渐回暖，但这一变化趋势却被突如其来的持续 1300 年的寒冷期打断，后称这一时期为"新仙女木"时期。

研究发现，在"新仙女木"时期初，北半球大陆地区的平均温度曾剧降 70℃，而在此时期末又陡升 100℃。

科学家普遍认为，正是因为大洋传送带的停滞，才导致北半球陆地的降温，从而延长了整个地球的冰期。

❧ 1.29 万年前，北美长毛猛犸象、剑齿虎、骆驼和树懒、美洲狮突然灭绝，与此同时，克劳维斯人也突然消失。此后，地球经历了一个长达 1300 年的气候强变冷的"春寒期"，即"新仙女木"时期（也被称之为"新仙女木"事件）。

大洋传送带依靠海水的温度和盐度的差异，同时也平衡着地球各处的氧气含量。海水的温度和盐度差异是决定海水运动轨迹和推动海水流向的力量，由于泥盆纪末期，海水的温度不断地攀升，推动海水运动的这股力量不断地减弱，最终消失。氧气无法平衡，海水的温度持续升级，加速了海洋生物的灭绝。

🌱 微生物与生物的拉锯战

经过一系列复杂的地质变化之后，地球上的生物并未放弃进化，它们以更智慧的方式应对新一轮的挑战。

泥盆纪晚期持续不断的火山灰和有毒气体从岩浆中喷出，它们遮天蔽日，完全遮住了阳光，这对地球上的生物来说，可不是个好消息。因为没有太阳光的照射，气温便开始下降，海水的温度也开始不断地降低。我们知道，温度过高的海水，会使一些生物死亡，但是冰冷的海水，同样也会给生物带来死亡，比如，寒冷会杀死更多浅海中的鱼卵。

之后的地球进入了又一次的冰封阶段，覆盖了地球纬度大于 45 度的所有地区，生命无法适应从高温到低温

🌿 [新一轮的冰封期]

的快速变化，导致生物大量死亡。这一次的生物灭绝，损失了地球上80%的生命，地球再一次陷入沉睡中。

泥盆纪末期生物灭绝事件中，包括邓氏鱼在内的所有盾皮鱼，首种胎生脊椎动物艾登堡母鱼、陆地脊椎动物的祖先真掌鳍鱼和提塔利克鱼以及所有头甲鱼都在这场浩劫中灭绝了。大量的海洋生物，尤其是体型庞大的生物，基本全部死亡，仅剩下一些体长不足40厘米的小型生物。

大约200万年的时间过去了，火山停止了喷涌，寒冷也不再存在，海水的温度又开始变得适宜生存；陆地上，逃过一劫的植物开始抓住难得的机会，大量繁殖，地球上空的毒气也开始散开、消失，气温开始稳定下来，而植物又开始利用光合作用制造出大量的氧气，地球又有了四季的变化。

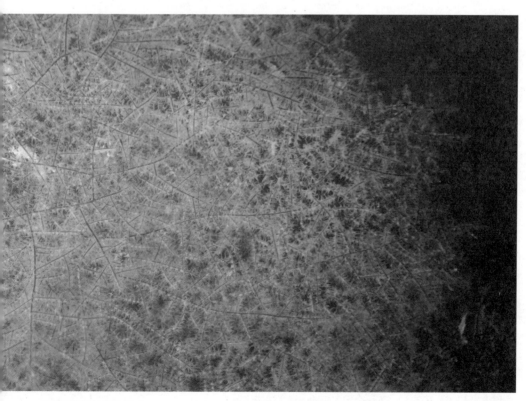

❋ [海洋深处的生物]

海洋中，微生物也抓住机会迅速繁殖，而存活下来的小型海洋生物，也在拼命的延续着生命，微生物与数量稀少的生物，谁能在下一次的生命爆发中，占据主导地位？让我们拭目以待。

❧[艾登堡母鱼化石及其复原猜想图]
艾登堡母鱼是迄今发现最早的胎生远古脊椎动物。这一远古物种化石发现于澳大利亚西部的菲茨罗伊渡口。这条 3.8 亿年前泥盆纪时期的艾登堡母鱼体内还存在着未出生的胚胎幼鱼，它具有明显的胎盘结构。

❧[泥盆纪末期—石炭纪（下一个纪）初期的海洋生物化石]

第 8 章
走向陆地

Land Strike

　　泥盆纪结束之后，石炭纪向我们走来，自这个时代开始，地球上无论是植物还是动物，都开始蓬勃地发展。植物走向陆地，不断向大气层中努力地释放着氧气，也试图更接近太阳；鱼类也因为地质的变化，而不得不走向陆地，由原来的鱼鳍向肉鳍进化；石炭纪有个别名叫"巨虫时代"，因为当时大气含氧量很高，虫子长得特别大。一切的生命向着今天的我们走来，但当我们回想起这一切时，发现原来海洋不仅承载着生命的进化、演变，也在向生命诉说着它的故事。

第一节
植物改变陆地

🌱 石炭纪的地质变化

石炭纪距今 3.5 亿 ~ 2.85 亿年，延续时间约 6500 万年。石炭纪因产石炭而得名，它是地球历史上最主要的造煤时期。

泥盆纪之后，地球进入了新的纪元——石炭纪。

石炭纪是地壳运动非常活跃的时期，因而古地理的面貌有着极大的变化。这个时期气候分异现象又十分明显，北方古大陆为温暖潮湿的聚煤区，冈瓦纳大陆却为寒冷大陆冰川沉积环境。气候分异导致了动、植物地理分区的形成。

泥盆纪末期生物大灭绝结束之后，逐渐复苏的海洋

> 🌿 我国鄂尔多斯准格尔煤田和桌子山棋盘井煤田都形成于石炭纪时期。

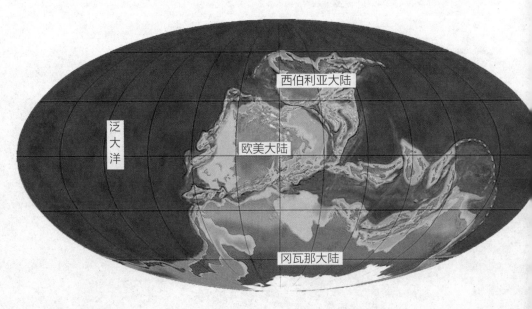

🌿 [石炭纪早期地质情况]

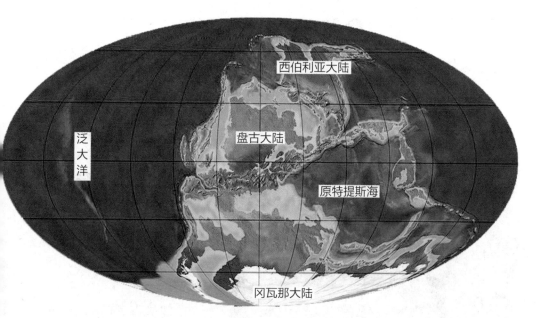

西伯利亚大陆

盘古大陆

泛大洋

原特提斯海

冈瓦那大陆

❧ [石炭纪晚期地质情况]

生物基本上继承了泥盆纪的类型，但巨型盾皮鱼类的身影已经永远地消失了。大规模的海退事件，使陆缘海底暴露出来，淡水河流在新增的陆地上纵横切割，沉积淤塞，形成大片富饶肥沃的沼泽和湿地。石松类、节蕨类和真蕨类植物在这里茂密生长，它们比泥盆纪末期生物大灭绝前的祖先更加高大，也更加多样。十几米甚至几十米高的蕨类巨木汇聚成遮天蔽日的雨林，绵延不绝。

❧ 在泥盆纪末期，就出现了最早的无翼昆虫，到了石炭纪时，有翼昆虫已经出现，但是这些昆虫无法折叠它们的翅膀，比如蜻蜓等。石炭纪时期出土的化石显示，在此时的煤系地层中发现了超过 500 种昆虫。

❧ [石炭纪蜻蜓化石]

众所周知，蜻蜓喜欢用尾巴点水，为什么呢？这是因为蜻蜓的孵化和幼虫是在水里完成的，所以它点水实际上是在产卵。雌蜻蜓产卵到水里面，多数是在飞翔时用尾部碰水面，把卵排出。我们常见的所谓"蜻蜓点水"，就是它产卵时的表演。

🌿 植物如何走向陆地

　　亿万年的时间，进化的力量塑造出了地球缤纷多彩的生命，如今地球上生存的每一棵树、每一株草、每一朵花都凝聚着植物的生存智慧和进化奇迹。那么，早期陆地植物是如何起源和登陆的？

🌿 [石炭纪形成的高大植物]

植物何时走向陆地

　　这一直是古生物学家关注和感兴趣的科学问题，多年来也一直充满科学争议和未解之谜。

　　已知最古老的陆地植物化石拥有 4.2 亿年的历史，科学家们对上百种植物进行了 DNA 测试，同时比对几十种植物化石进行分析。

　　结果显示，最早的陆地植物起源于距今 5.15 亿 ~ 4.73 亿年前的寒武纪中期至奥陶纪早期，这比已知最古老的陆地植物化石时间提前了约 1 亿年；维管植物的冠群则出现在奥陶纪晚期至志留纪晚期。

植物如何走向陆地

　　众所周知，最早的时候，地球上没有陆地，只有汪洋大海，所有的生命都生活在海洋中，当地壳隆起，陆地面积逐渐扩大，海洋面积缩小，不少曾经被海水覆盖的地方，如今变成陆地，甚至有些海底隆起形成高山，并把曾经生活在海底的水生生物送至浅滩；有的被隔离在内陆的湖泊里。生活环境的变化，对生物界产生了巨大的影响。植物在这个适应的过程当中，也经过了千万次的尝试。

因为海水中有浮力，植物常年浸泡在海水中，对于水的吸收，茎的支撑和叶片的保水没有太多的要求。一旦到达陆地之后，它们必须要靠自己来吸收水分，要靠自己的茎来将自己支撑起来，还要靠自己的叶片的结构、角质层和蜡质层来保水。所以植物第一次离开了全水的环境，来到一个干燥的环境，确实是一个质的飞跃，在这个过程当中，无数不适应的物种就被自然淘汰了。

❧ 尽管化石可以提供最为直接和准确的物种演化的证据，然而，由于植物缺少脊椎和坚硬的外壳，在化石记录中留下的信息很少。

❧ [石炭纪形成的煤块中的植物化石]

达尔文与植物

❧ 达尔文是生物起源的科学巨匠，同时，他也是一位伟大的生物学家，更是一位出色的地质学家。在出版《物种起源》的三年后，他又出版了《兰科植物的受精》。随后他又开始关注起攀援植物的运动和习性，经过了三年的时间，观察了 100 多种攀援植物后，达尔文在 1865 年首次发表了《攀援植物的运动和习性》，并且几年之后将它单独出版。除此之外，达尔文对于植物的贡献还有 1868 年发表的《动物和植物在家养下的变异》，1875 年的《食虫植物》，1877 年的《同种植物的不同花型》，1880 年的《植物运动的力量》等。

第二节
第一种登陆的植物是谁

🌱 发现种子的化石岩层

对于几千年的人类历史，人们可以借助各种书籍记载来了解，然而对于更久远的地球的历史，人们想了解它，只能凭借着它的记录者——化石等。这些化石除了记载了远古历史上的动物，同时也记录了那个年代植物的信息。

科学家们在阿曼的一个洞穴采集到大量植物种子化石，他们把种子从奥陶纪的沉积岩里面剥离出来之后，发现这些保存完好的种子中，有一种比一般种子大几倍的种子化石。

经过科学家们研究后发现，这种植物种子化石之所以这么大，是因为它是由好几个种子凝结在一起，然后由表皮包裹起来而形成的。

🌿 英国《独立报》2007年3月15日报道，瑞典科学家在来自印度中部奇特拉库特的一块岩石中，发现了世界上迄今最古老的植物化石，将地球上复杂生命的出现时间向前推进了4亿年。

🌿 [植物种子化石]
植物要变成化石，对环境条件的要求相对比较严格，在特别适宜的情况下，避开了空气的氧化和细菌的腐蚀，其硬体和软体才可能比较完整地保存下来，与活时无显著的变化就更加难得。

❀ [石炭纪形成的高大植物]

　　之后这种种子又在一个比奥陶纪更后一些的年代的陆生植物化石上面发现，而且是附着在完整的植株上面的。

　　科学家们发现的这些种子化石，足以证明至少在奥陶纪，也就是在距今 4.7 亿～ 4.4 亿年前的时候，地球上就已经出现了陆生植物。

　　这样的结论令人非常吃惊，因为在此之前各种证据都表明，地球上陆生植物的出现是比这个时间晚很多。

　　这些被发掘的化石，虽然被科学家们公认为种子，但是这样的种子是什么植物呢?

　　其一，这样的种子确实属于在奥陶纪就已经登陆的植物的先驱;

　　其二，因为目前得到的这些种子属于陆生植物的证据不

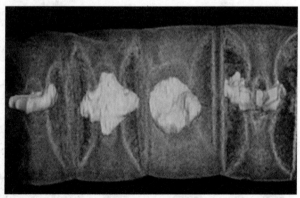

❀ [最古老的植物化石在显微镜下的情况]

这是一块在显微镜下显示出的真核藻类的化石所呈现出的情况，这块毫不起眼的微生物化石，将最早的植物推进到了 16 亿年前。与周围的细菌化石相比，这块化石非常大，其内部井然有序，在真核生物出现之前的化石样本中不会看到这种情况。

足，所以无法认定植物已经完成登陆，只能认为是来自某种水生藻类植物，而只要人们还没有从奥陶纪沉积物当中找到产生这些种子的植物体本身，就无法完全排除这些种子的水藻来源的假说。

对于是哪种植物最早登陆陆地，这个问题科学家有以下几种猜测。

猜测之一：最早登陆的是蕨类植物

蕨类植物是高等植物中的低级生物，兴盛于晚古生代的泥盆纪时期。由于出现较早，古生物学家认为，它成为最早登陆的第一候选者。

1912 年，在英国苏格兰东北部的瑞尼山附近，科学家们发现了一些奇特的硅质岩，在岩石的薄片中看到了很多植物的茎轴和根状茎，而且还有保存完好的植物细胞，完好到包括陆生植物特有的输水管胞，经研究发现，这些硅质岩的年代是距今 4.1 亿年前的早泥盆纪。

科学家们经过对该化石十几年的研究发现，这些植

❧ 瑞尼蕨，一种 50 厘米高的矮小草本植物体，生活在很湿润的环境，或者营半水生生活，植物体的假根部泡在水中，上部的茎露出水面。

❧ 羊角蕨是一种已灭绝的有胚植物，只有茎，没有叶、根与维管束，生存年代为志留纪晚期至泥盆纪早期。

❧ [巴拉曼蕨化石及外观]
巴拉曼蕨高约 30 厘米，叶呈长条状，紧密螺旋着生。这种植物的化石记录是从志留纪至早泥盆纪，发现的地点包括澳大利亚、加拿大和中国。

物细胞来自于瑞尼蕨、羊角蕨等五类原始蕨类。

这是否说明，最早来自于海洋的陆生植物是蕨类植物，而且早在泥盆纪时期，陆生植物就已经完成登陆了？

1937年，科学家们又在英国威尔士发现了志留纪晚期的顶囊蕨，后来这种植物的化石又先后在美国、加拿大、利比亚和俄罗斯等地被发现。随着世界各地化石的发现，科学家们猜测，蕨类植物应早于泥盆纪就完成登陆了。

之后经过许多的研究，这种猜测终于得以证实，最早的陆生植物是蕨类植物，而时间则是在距今 4.2 亿年前的晚志留纪。

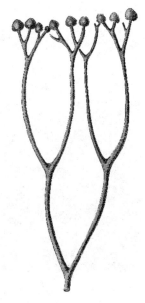

❧ [顶囊蕨外观]

顶囊蕨是一种结构非常简单的原始有茎维管植物，目前只发现了它的枝轴上部的化石。它个体纤细，大概像火柴棒那么粗，高不足 10 厘米，无根又无叶，表面光滑，以数次连续的二歧式分枝生长，在末级分枝顶端长着一个球形或肾形的孢子囊，其内部藏有具舞质化外壁的孢子。不过，它已经属于高等植物了，有根、茎、叶的分化和具有多细胞的雌性生殖器官和胚胎。

❧ 顶囊蕨是一种已灭绝的原始有胚植物，也是最早期的有胚植物之一，最早出现在古生代志留纪。

❧ [顶囊蕨化石]

❧ [Barinophyton 化石]

这种植物尚无中文翻译的名称，化石的年代是从早泥盆纪到早石炭纪时期。

苔藓植物常常因为矮小的身材被人视而不见，但它却是自然界植物中最不可缺少的拓荒者。苔藓植物一般生长密集，有较强的吸水性，因此能够抓紧泥土，有助于保持水土。它还可以积累周围环境中的水分和浮尘，分泌酸性代谢物来腐蚀岩石，促进岩石的分解，形成土壤。有时候，它还会作为鸟雀及哺乳动物的食物，甚至为人类提供绿色燃料。

除此之外，苔藓相较于其他植物，还是很重要的空气污染的指示物种。

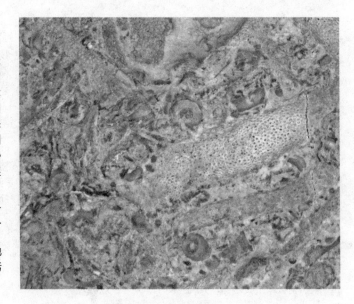

❀ 苔藓没有花也没有种子，繁殖只能靠孢子，全球共有23 000多种苔藓，而中国则有2800多种。

猜测之二：最早登陆的是苔藓植物

除了蕨类植物之外，苔藓植物也是呼声较高的最早登陆植物。苔藓植物与蕨类植物同为高等植物，而它还有着比蕨类植物更原始的基因。

苔藓植物分为苔纲植物和藓纲植物，苔纲植物保存着低等植物特有的叶状体的外部形态，没有明显的茎叶之分；而藓纲植物有着明显的茎叶之分，直立生长，但长不高，植株一般在10厘米以下，最高也不超过50厘米，所以苔藓植物是高等植物中最原始的，它曾被归于低等植物。

之所以认为苔藓植物是最早的登陆者，是因为：

其一，原始的蕨类植物可能是从苔藓植物进化而来。这两种植物形态与习性有些相似，且关系较为密切；

其二，苔藓植物虽为陆生植物，但它生性喜欢潮湿多水的环境，当然，其中也不乏个别种类喜欢干旱，在高山上生长。这种生物非常奇葩，因为它能分泌酸性物质，缓慢溶解岩石，逐渐将其变成土壤，不仅满足了自己的生存需要，也为其他植物创造了生存环境。因此科学家分析，它可能是植物登陆的先锋官。

其三，苔藓植物适应恶劣环境的能力更强。曾经有科学家做过这样的试验，把苔藓植物磨成粉末，然后撒在土壤中，居然能长成一片新的苔藓植物。科学家甚至将苔藓植物制作成标本，它也能保持数年不死，只要将其浸泡在水里，便可复活。这是多么可怕的生命力，在原始陆地上，只有这样的生命才能经得起原始环境的摧残。

最后，苔藓植物也是靠孢子来繁衍后代。因为曾有人从寒武纪的地层发现了孢子化石。但是遗憾的是，虽然看起来论证充分，但至今依然没有强有力的苔藓植物化石为其出示佐证。

就目前出土的化石情况来看，最早的苔藓化石发现于英国晚石炭纪（距今 3 亿年前）的煤层中。

❧ 由于苔藓通常缺少保护性的角质层，空气中的污染物可以轻易进入，毫无抵抗能力。所以，一个地区如果污染严重，敏感的苔藓就会最先死去，所以它是检测空气污染程度的最直接办法。

❧ 西班牙贝哈尔有一项历史悠久的传统活动名叫苔藓人，参与人员会身披厚厚的苔藓装饰相互比赛，以纪念战胜摩尔人。

❧ [最常见的苔藓]

❧ [志留纪时期形成的苔藓化石]

猜测之三：最早登陆的是地衣植物

地衣是一种很奇特的植物，尽管它分布极广，但人们对它的了解却不多。地衣植物是真菌和藻类的共生体，虽然长得非常缓慢，但寿命却非常长，比如像北极岩石上的一小块地衣，经测定已有数百年的历史，而且还将长期存活。

地衣是最早登陆者的理由也很充分：

其一，真菌和藻类虽是真核生物，但它们早在19亿年前就已经存在了，完全极有可能随海侵进入陆地，而当海退时滞留在陆地上。

其二，它们的适应能力超强。无论是干燥、高温还是低温或是真空环境，它们都能很好地存活。

其三，它们可以长在裸露的岩石上，而且像苔藓植物一样，分泌出地衣酸来腐蚀岩石，将其变为土壤，所以它们才是真正意义上的开荒先锋官。

尽管地衣作为最早的陆生植物理由充分，但是至今也没有找到可靠的化石为佐证，所以，这依然只是停留在猜测阶段。

❧ 太阳光里有一种紫外线，几乎对所有生物都有影响。特别是微生物，受到一定剂量的紫外线照射，十几分钟就会被杀死。所以医院和某些工厂，常用紫外线进行灭菌。

❧ 南欧黑松被紫外线照射635小时，仍旧活着，而用同样强度的紫外线照射番茄或豌豆，只要3~4小时，它们就会死去。可见南欧黑松是对紫外线忍受能力最强的植物。

❧ [地衣植物]

❀ 植物造就陆地环境

泥盆纪之后，地球又经历了新的一轮变迁，此时氧气稀薄，毒气漫天，虽然温度已经下降，但是这样的环境还是没有办法为生物提供生存的空间。

石炭纪最初的陆地一片荒凉，既没有植物，也没有动物，是一个完全死寂的世界。最初登上陆地的植物渐渐地适应了没有水的生活，因为，叶绿素在没有海水阻隔下，光照更加有效，在新的环境中，植物利用叶绿素进行光合作用，随即开始产生氧气。

早期植物带来了"泥巴革命"

当植物从海生转而成为陆生之后，泥土是从哪里来的呢？

对于这个问题，或许你可能会想到岩石被风雨侵蚀，然后掺杂上水或者是冰块，便有了土，但是真实的历史并不是如此。

如今地球上常见的泥土是由页岩、板岩等泥质岩由泥沙和黏土微粒沉积形成，但在5亿年前的地层中却很少发现。

英国剑桥大学的研究人员分析了从35亿～3亿年前多处河流沉积物中的泥巴含量变化，发现随着早期陆生植物的繁盛，随之陆地泥巴含量大幅度增加。

数据显示，带来"泥巴革命"的可能是早期植物。"泥巴革命"的第一次推动来自近5亿年前苔藓植物的兴盛，约4.3亿年前有较深根系的高等植物诞生并传播开来，使泥巴进一步增加。

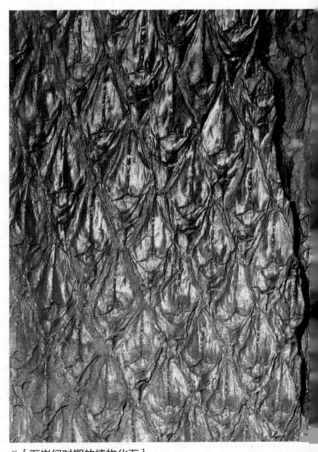

❀ [石炭纪时期的植物化石]

灵芝

香菇

❧ [蕈类]

❧ [光蕨属植物]

蕈类出现——介于动物和植物之间的物种

随着"泥巴革命"，陆地变得越来越肥沃，在那个时代，出现了一个新的生命体：蕈 (xun) 类。它是多细胞生物，呈纤维状，不含叶绿素。这种生物有着植物的外表，但不是植物，也不是动物，而是介于两者间的生物——高等真菌。

蕈类生物来自于藻类，它们有着古老的历史，起先它们生活在海洋中，自从有了有机食物之后，它们开始用寄生的方式生存，虽然它们有着植物的外形，但是却没有叶绿素。

光蕨属——最早的木本植物

人们在爱尔兰发现了最早的木本植物，它们是光蕨属。据推断，这种植物是在第一批征服陆地的植物登陆后的 1000 万年后才出现的。这种植物体株矮小，不长叶，由茎完成光合作用。

光蕨属是一种了不起的植物，它是现今许多植物的共同祖先，因为它不仅提供了子孙们生长的必要条件，而且还生成了孢子，孢子会随风飞散，四处散落，生成更多的植物。

光蕨属体内有维管组织，这些组织可以吸收水分，使植物快速成长，成长的过程中又不断地制造更多的维管，维管紧密排列，形成维管束，继而形成束中束。有了这样的吸水条件，它们可以疯狂地喝水，身高也不断的长高，于是越来越多的植物为了获取更多的阳光，而不断竞争般的生长，给原本枯寂的地表带去了一层绿绿的外衣。虽然光蕨属还不能算真正的树木，但是这样弱小的植物就像地毯般覆盖着地表，并不断地进行光合作用，生成了更多的氧气供给地球其他生物。

❦ 维管或者说叫维管组织，是一种由木质部和韧皮部组成的疏导水分和营养物质，并具有一定支持功能的植物组织。最早一批维管植物的样本出现在 4.2 亿年前。样本中的植物不像藻类那样软弱无力，而是一种可以直立的植物，而且它的顶端好像可以分叉，最关键的是它有茎，有茎才能帮助维管组织从土壤中吸收水分，有了水分的上升，才能在光合作用的帮助下升高。

第 8 章　走向陆地

❦ [石炭纪早期的沼泽 −19 世纪油画]

第三节
第一条踏上陆地的鱼

❀ 圆鳍类化石——具有独一无二的骨结构

在泥盆纪早期，距今 4 亿年前，硬骨鱼已经得到了很好的进化，它们分为两大类群：一种为肉鳍鱼类，包括总鳍鱼类和肺鱼，虽然大部分已经灭绝，仍有一小部分肺鱼与另一类辐鳍鱼类，进化成了现在还存在的大部分硬骨鱼类。

毋庸置疑，陆生脊椎动物是从具有肺及肉质偶鳍的鱼类进化来的。在自然环境复杂的变化中，通过物种不断分化而完成的。陆生脊椎动物是从鱼类起源的，但究竟是从哪一种鱼类中演化来的呢？要找到这个问题的答案，必须要有强有力的证据，那就是化石。

科学家们寄希望于泥盆纪时期，因为那时候有太多种类的鱼，或许会有一条最先长出脚的鱼的化石，似乎

❧ 一条鱼出于什么理由利用自己肥胖的鳍将自己拖出水面，我们如今只能猜测，但它们遗赠给我们人类的除了四肢、脊椎、牙齿和感觉器官外，也许还有好奇心和对未知的不安。

❀ [圆鳍类化石]

寻找这样的化石并不难。

19 世纪末，科学家们发现了一种鱼类化石——圆鳍类。圆鳍类的鳍里有着独一无二的骨结构，似乎与人类的大腿和手臂一样。尤其是早已绝迹的掌鳍鱼，已经出现了腿骨，只是缺少脚和脚趾。

科学家们解释说，泥盆纪早期，原本生活在水里的鱼独来独往，到了泥盆纪末期，由于地质变化，一下使原本宽阔的大海变成了日益干涸的水塘，为了活命，一些掌鳍鱼不得不逃离水坑，寻找深水区，于是掌鳍鱼拖着自己的鳍，勉强走上陆地。其中，有些掌鳍鱼的鳍变成了四脚，并且长出了五根手指和五根脚趾，从而开始行走，成为陆地生物共同的祖先。

❀ [圆鳍鱼类登陆－视频截图]
BBC 视频中关于鱼类登陆的动画情景。作为有着像胳膊一样的鱼类，它是否真能像人们猜想的那样顺利登陆呢？我们只能期待更多化石出现。

❀ 掌鳍鱼（比如像真掌鳍鱼），它们有着早期两栖动物相似的特点，比如头、牙齿和骨骼，并且在它们的脊椎周围，还有一系列骨环。这种特征被科学家认为，从这种生物开始到陆生脊椎动物，在进化史上只差一步了。

❀ [圆鳍鱼类化石纪念邮票]
为了纪念在格陵兰发现的圆鳍鱼类化石，加拿大发行的纪念邮票。

❦ 舒宾在《你的躯体里有条鱼》一书中，追溯了人体的进化史，其中就有提塔利克鱼时期，说明了毗邻气孔的一根骨头如何进化成四足动物耳中的一根骨头。

🌱 第一条走向陆地的鱼：提塔利克鱼

提塔利克鱼是第一条走向陆地的鱼，它们虽然已经灭绝了，但为后来陆生动物的进化，迈出了非常重要的一步。

在 2004 年 7 月和 2014 年 1 月，芝加哥大学的古生物学家先后在北极找到了一条在岩层中沉睡了 3 亿 7500 万年的鱼——提塔利克鱼的前半截化石和后半截化石。

提塔利克鱼是一种大型水生动物，居住在亚热带河流冲积扇的泥滩里。

提塔利克鱼身长可达 2.7 米，它有鳄鱼一样扁平的头颅，可以灵活转动的脖颈，长有锋利牙齿，可以捕食水里的鱼或陆地上的昆虫，它还有可以在泥里爬行的胸鳍，肌肉发达到足以做俯卧撑，几乎能说是原始的腿。

提塔利克鱼的发现被誉为古生物学的突破性进展，虽然它长有鳞和鳃，但看起来明显更像四足动物，头部扁平、有脖子，肺叶形状的鳍里已经不再是肉，而是有

❧ [提塔利克鱼头部化石]

❧ [提塔利克鱼身体化石]

了原始陆地动物的肢体骨骼。

　　提塔利克鱼是鱼类演化成能更适应氧气含量较低的浅海的一种物种，它们后来逐渐进化成两栖动物。科学家们称"提塔利克鱼"是"会走路的鱼"，认为它是第一种在陆地定居的脊椎动物，是原始鱼类进化成两栖动物转变过程中的重要物种。

　　因为从提塔利克鱼之后，所有陆栖脊椎动物都跟着上了岸，陆地环境为提塔利克鱼提供了新的食物来源和呼吸条件，它的身体也发生了一系列变化，以适应环境的改变。两栖动物、爬行动物、鸟类、哺乳动物，包括那些后来又返回海洋的生物的进化，这个过程是提塔利克鱼（或其近缘亲属）启动的。今天，我们之所以能看到如此多种多样的动物生命，提塔利克鱼登陆是必不可少

❧ [如今可以行走的跳鱼]

跳鱼就是我国俗称的滩涂鱼、跳跳鱼。在滩地上咬出深达一两米的洞穴居住。平时在滩面上觅食、玩耍、寻找配偶。感觉灵敏，擅长跳跃，自身保护性强。一有情况，马上进洞，不易捕捉。

的一步。

🌱 鱼石螈——无法行走的鱼

鱼石螈是一属早期的四足总纲，是鱼类及两栖类的中间生物，具有脊椎动物的四肢，有能够辨认的手指和脚趾，从尾部等体形看类似现代的鲶鱼长了脚。

鱼石螈的化石发现于格陵兰泥盆纪晚期的地层中，它体长约1米，兼有鱼类和两栖动物的共同特征，被认为是由提塔利克鱼进化而来的一种过渡生物。

化石发现始末

1929年，瑞典地质学家库霖博士在加盟科赫组织的格陵兰岛科考活动中，收集到了一大批脊椎动物化石，这其中包括一件重要的东西——鱼石螈化石。

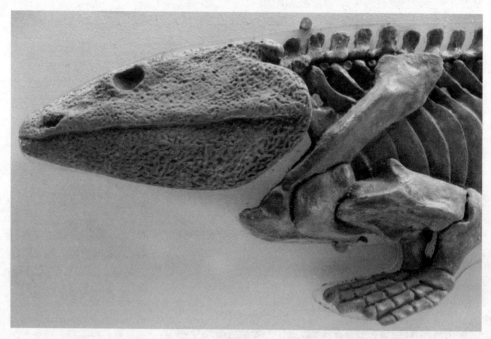

🌿 [鱼石螈化石 - 莫斯科博物馆]

鱼石螈目前普遍被古生物学界认为由提塔利克鱼进化而来，并在很多地方与总鳍鱼相似。如头骨高而窄；鳃盖骨消失了，但前鳃盖骨的残余仍存在；身体表面披有小的鳞片；身体侧扁，还有一条鱼形的尾鳍；具有迷齿式牙齿。

1932 年，鱼石螈首次被描述，人们知道它体长约 1 米，头骨长约 20 厘米，构造与总鳍鱼类似，有残留的鳃骨，头骨后方有明显的耳缺，这表明已有中耳，并且长有四肢，而且还长出了原始的五趾等，呈现出一系列两栖动物的特点。另外，它的尾部侧扁，且有鳍条和鳞片，这表明它还残存着鱼类的特点。

由于鱼石螈身上混合着鱼类和两栖动物的特征，所以可以顺利地生活在半湿半干的环境，具备了可以在水中游泳，又可以在干燥的陆地行走的能力。

❀ [利用 3D 技术复原的鱼石螈骨骼图]

鱼石螈的行走方式

古生物学家发现鱼石螈在陆地上具有两种不同的步态：

一种步态是身体僵直，前后脚沿对角线交替轮流行走。

❀ [四足动物的行走方式]

左面这三幅图就是四足动物走路时脊椎及四肢的摇动方式，由此可知如果鱼石螈要达到这样的行走方式，对脊椎的柔软和四肢的平衡都要求很高。

❈ [蜥蜴]
作为第一批两栖动物，鱼石螈身上的许多特征在当今的生物身上依然可见，比如蜥蜴。

这是几乎所有四足动物都采取的交替行走的方式，这种方式能灵活地自我操控。采用这种姿态时的鱼石螈，依靠强壮的前肢可以支撑前半身，后面的鳍状肢和背部末端则可以牵引后半身，这样可以保持身体远离地面，有利于在复杂的地形上行进。

另一种步态是像毛毛虫一样，通过不断伸缩脊椎向前移动。这种行进方式显然不够灵活，但对于由海洋走上陆地的生物来说，这样的前进方式比较稳定可靠。

虽然鱼石螈为了适应陆地，而让自己变得更像两栖动物，但是它的行动方式似乎并不太适合庞大的体型。

为了找到更加准确的早期四足动物的进化主线，科学家们将目光转移到了同样来自泥盆纪的棘螈身上。棘

❈ [鱼石螈形象邮票]
鱼石螈到底长什么样子，我们也很想告诉您，但只能说"臣妾做不到啊！"，所以只能展示许多艺术家眼中的鱼石螈形象，看看到底哪一个更萌些呢。

Land Strike

螈生有粗壮的腿，尾巴和身体几乎一样长，脊背上还有长长的鳍，虽然已经进化出前后肢，但还具有更多的鱼类的特征，比如鳃、鳍和只能在水中起作用的感官……从棘螈种种外形来看，棘螈比鱼石螈更为原始，更不具备陆生动物的特征，但脊椎骨的特征，却更贴近于四足动物的进化主线。

先长腿，再登陆

鱼类和四足动物相比，最大的区别便是"腿"，而从现有的化石来看，鱼石螈虽然长有后肢，但后肢太弱，它的肢体无法承担其在陆地行走的重任，所以只能用前肢拖着身子勉强前进。

目前来看，鱼石螈和其同一时期的原始两栖动物，仍处于从鱼类向两栖类的过渡阶段。它们已有了强壮的脊椎和肋骨，以及有了从鱼鳍演化而来的四肢，却几乎一生仍然都在水中生活。只有在干旱时期，它们才会被迫爬上陆地，努力向附近其他水源转移。

正是从这种有限的陆地活动能力开始，它们在水陆之间开拓出了一片新的生存领域，为后来的两栖动物乃至所有陆生脊椎动物的演化迈出了关键一步。

🌿 两栖动物指的是青蛙、蝾螈等不起眼的小家伙，终日隐藏在池塘溪流的角落中。但是在数亿年前，两栖动物曾经是陆地与淡水之间最强大的动物，有些种类的体型几乎可与恐龙媲美。这些史前巨型两栖动物，被古生物学家统称为"迷齿类"。

🌿 科学家曾认为鱼石螈是最早上岸的脊椎动物，因为它具有足够强壮的四肢，但是越来越多的研究表明，这可能只是猜测，它的后肢可能无法撑起巨大的身体，只能拖着走。

❦ [鱼石螈复原雕像图]

❦ [毛毛虫伸缩脊椎的运行方式]

🌱 奇异东生鱼——最古老的"四足鱼"

奇异东生鱼是迄今发现的最古老的基干四足动物化石，发现于云南昭通早泥盆纪地层中，之所以得名"东生"，是为了纪念已故地质学家刘东生。

在发现这么多类似两栖动物的化石之后，越来越多的人开始关心，东生鱼是如何长出腿的？鱼类从出现腿，到进化出腿，这个过程非常漫长，那就意味着在地球的某一处，一定存在着那个时候的印记——化石。

在云南发现的最古老的"四足鱼"化石

2009 年，在云南省昭通早泥盆纪地层中，研究人员发现了最古老的"四足鱼"化石，中国科学院古脊椎动物与古人类研究所朱敏领导的研究小组将其命名为"奇异东生鱼"，以纪念中国泥盆脊椎动物的早期研究者、已故著名地质学家刘东生先生。

这条鱼的化石距今约 4.09 亿年，它的发现是研究鱼类上岸并演化成早期两栖动物关键的一步。

奇异东生鱼的进化

就生物来说，海洋与陆地除了水的区别之外，就是在海水中日、夜的变化并不是那么明显，当鱼类登陆之后，它们能清晰地感受到日、夜和气候的变化。

奇异东生鱼的头部虽然保留了许多原始鱼类的特征，但是它已经出现了明显的四足动物的下颌，不仅如此，科学家们通过高精度 CT 扫描，发现它已经具备了四足动物的脑腔结构。也就是说，在上岸之前，这种鱼类的下颌和脑部就已出现进化。

科学家们认为，奇异东生鱼最先进化出的功能，很可能就是为了适应陆地上的昼夜变化。

🌿 [奇异东生鱼 3D 复原图]
古脊椎所 Brian Choo 绘制。

❀ ["最古老的基干四足动物——奇异东生鱼的发现"入选 2012 年度十大地质科技进展]

❀ 由于奇异东生鱼的发现，最古老的基干四足动物称号就由它摘得，而不再是提塔利克鱼了。

作为最古老和最原始的四足动物，奇异东生鱼的发现填补了四足动物早期化石记录的空白，极大地缩短了四足动物与肺鱼两大支系化石记录之间的年代鸿沟，对追溯包括人类在内的四足动物祖先的演化历程具有重要影响。

❀ 晚泥盆纪四足类是水生的，保留了尾鳍、测线系统和内鳃，能够利用尾巴来游泳，它们的四肢是扁平的桨状，与后期四足类相比拥有更多的趾（棘螈前后肢均有 8 个趾，鱼石螈后肢有 7 个趾，但未发现前肢），这就意味着早期四足动物的四肢很可能更多地用于游泳，而不是行走。

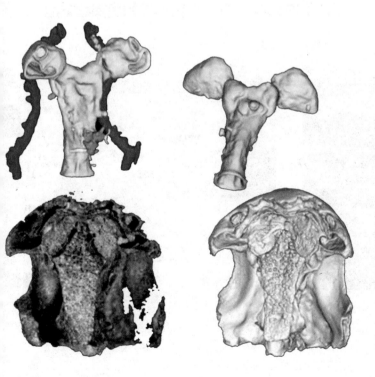

❀ [奇异东生鱼内颅照片与内颅、脑腔三维复原图]
通过对奇异东生鱼的颅腔以及相关的神经、血管等结构进行研究，揭示了基干四足动物脑的基本形态。对奇异东生鱼脑部结构的研究还显示，某些与脊椎动物陆地生活相关的重要脑部特征在四足动物演化的最初期就已经出现。

第四节
生物大灭绝的历史
会重演吗

🌱 历史上的生物大灭绝

生物大灭绝听起来非常可怕，本来生机盎然、喧闹不断的地球环境突然变得悄无声息，实际上在地球曾经的历史中，曾发生过 5 次生物大灭绝。

自寒武纪生命大爆发以来，地球上的生命演化并非一帆风顺，其中出现了 5 次影响遍及全球的生物大灭绝事件。

第 1 次：发生于 4.4 亿年前的奥陶纪末期

在距今 4.4 亿年前的奥陶纪末期，发生了地球史上

【梦幻奥陶纪景区导览图】
GUIDE MAP

🍂 [万盛奥陶纪主题公园]
万盛奥陶纪主题公园以奥陶纪地质地貌和自然生态为主体景观；以科普知识和巴渝文化为精神内涵；以"健康地成长、诗意地栖居"为旅游主题，是融游览观光、科考修学、文化娱乐、休闲度假为一体的旅游区。

第三大的物种灭绝事件，约85%的物种灭亡。古生物学家认为这次物种灭绝是由于全球气候变冷造成的。大片的冰川使洋流和大气环流变冷，整个地球的温度下降了，冰川锁住了水，海平面也降低了，原先丰富的沿海生物圈被破坏了，导致了85%的物种灭绝。

第2次: 发生于3.75亿年前的泥盆纪后期

在距今3.75亿～3.6亿年前的泥盆纪末期，在持续近2000万年的时间里，灭绝了大量的海洋生物，而对陆地生物的影响却不大。从规模上看，约82%的海洋物种灭绝，当时浅海的珊瑚几乎全部灭绝，深海灭绝了一大部分。

此次灭绝事件，在5次大灭绝事件中排名第4。

第3次: 发生于2.5亿年前的二叠纪到三叠纪时期

在2.5亿年前二叠纪到三叠纪过渡时期，地球上发生了迄今为止最严重的生物灭绝事件。这次范围涉及了全部的生物：海洋中约96%的生物、陆地上约70%的生物全部被灭绝。

这个时期，火山频繁爆发，沉积的火山灰记录了一

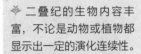
❀ 二叠纪是古生代的最后一个纪，也是重要的成煤期。二叠纪开始于距今约2.99亿年，延至2.5亿年，共经历了4500万年。

❀ 二叠纪的生物内容丰富，不论是动物或植物都显示出一定的演化连续性。

❀ 由于经过第3次灭绝事件，地球上的物种进行了一次彻底的更新换代，地球史也从古生代进入到中生代。经历了这次洗牌，在进入三叠纪之后，爬行动物成为地球上的绝对统治者，而恐龙、哺乳动物也开始出现。地球生命在经历这次重大的打击之后，又重新上路，向着更为高级、更具智慧、适应能力更强的形态不断进化，为最终人类的出现奠定了基础。

❀ [三叶虫化石]
在二叠纪到三叠纪时期的生物大灭绝，将曾经横行海洋的三叶虫、海蝎等生物全部灭绝。

些变化。在我国浙江长兴煤山的一段地层剖面中，可以清晰地看到当时生物灭绝的全部过程：地层最靠下，四射珊瑚和三叶虫等生物非常丰富，随着时间的推移，越往地层上方的地方，生物就越稀少，最后绝迹。

✿ [形成于奥陶纪时期的四射珊瑚化石]

经过推算，煤山剖面的生物大灭绝，开始于 2.519 41 亿年前，终结于 2.518 80 亿年前，这就意味着在大约 6 万年的这段时间内，经历了一次重大的变化。

经过科学家的研究发现，当时在生物大灭绝的初期，地球的温度是 25℃，而大灭绝结束时，温度为 33℃。

不要小看这 8℃的温差，这足以说明当时的地球经历了一场全球范围的高温，温度升高，气候干旱，森林野火不断，直到烧烤殆尽，二氧化碳浓度升高，海洋生物因为缺氧而大量死亡，温室效应的持续加剧，也是这次灭绝事件的推手。

✿ [三叠纪时期的地质砂岩]
这是在德国施塔特罗附近的三叠纪时期形成的地质砂岩，保存得较为完整，有着明显的地质分层。

第 4 次：发生于 2.08 亿年前的三叠纪到侏罗纪时期

在距今 2.08 亿年前的三叠纪到侏罗纪过渡时期，经历了一次影响陆地和海洋的灭绝事件：此次灭绝导致了 23% 的科与 48% 的属生物消失，其中主要是海洋生物灭绝。

这次灭绝事件只有短短的 1 万年时间，这次物种灭绝也是由气候变化造成的。在大约 2.08 亿年前，由于地幔运动产生的压力致使盘古大陆分裂，海水停止流动，气温上升，空气中充满有毒气体。

❋ [三叠纪时期的陆生植物 −1885 年]

❋ 三叠纪是中生代的第一个纪，它最特殊之处在于它的开始和结束各以一次灭绝事件为标志。

❀ [侏罗纪时代的恐龙－电影剧照]

侏罗纪是恐龙的鼎盛时期，在三叠纪出现并开始发展的恐龙迅速成为地球的统治者。

❀ [帝王鳄－电影剧照]

帝王鳄是侏罗纪电影中的巨大鳄鱼。它大约生活在 1.1 亿年前的撒哈拉沙漠，单单它的头骨就有1.8 米左右。和如今的鳄鱼一样是一种很可怕的动物，只是比现在的鳄鱼要大很多。

第 5 次: 发生于 6500 万年前的白垩纪大灭绝

爆发于 6500 万年前的白垩纪生物灭绝事件，导致了恐龙灭绝。

据说这一次是因为一颗小行星撞击了尤卡坦半岛，大量灰尘进入大气层，在随后的 1 年时间内都是遮天蔽日，日照量锐减使植物大批死亡，随着生态系统瓦解，75% 的物种惨遭灭绝，其中就包括恐龙。

相比于地球的历史，人类历史只能算是一瞬，但是人类诞生以后对地球生物的进化却造成了极大的影响。比如越来越多的生物消失，袋狼、披毛犀、渡渡鸟、大河狸……还没有经过上千万年，它们就匆匆而去，它们有些不是因为自然淘汰，而是因为人类的贪婪导致的灭绝，这些值得我们深思。

🌸 致命的温室效应：会不会是又一次生物大灭绝的开始

套用古话"成也萧何，败也萧何"，生命的出现得益于温室效应的保温，但是，时间的推移使人们不能不认识到：二氧化碳，不仅能诞生生命，也能杀死生命。

以前，许多科学家都以为生物的灭绝是因为来自地球外部的力量，比如行星撞击导致地球内的火山喷发，从而使这些生物缺氧而死亡。但是随着科学家越来越深入的调查，发现即使没有外星球的撞击，只单单地球的温室效应，就能够使海水温度上涨，而渐渐造成不可挽回的生物灭绝。

二氧化碳层

温室效应是地球上大气层的一种物理特性。作为大气层它有好的一面，如果没有大气层，地球表面的平均温度，会出现骤冷骤热的状况，非常不适合人类居住；但是另一面就是，由于它会吸收热量并保存热量，如果热量吸收过多，又不会很快散去，就会形成温室效应。

实践证明，人类的生存、生产活动，已经使得大气层温度逐渐升高，海洋成了全球变暖的最后屏障，海洋犹如一个能吸收热量的海绵。在全球变暖的过程中，有一部分的热量是被海洋吸收而转化了，可这并非是好事，因为，科学家们发现，在过去的 50 多年中，地球海洋的热含量出现了明显的升高，海洋正在加剧变暖。

🌸 [温室效应示意图]

温室效应有两个特点：1. 室内温度高，2. 不散热。生活中我们可以见到的玻璃育花房和蔬菜大棚就是典型的温室。使用玻璃或透明塑料薄膜来做温室，是让太阳光能够直接照射进温室，加热室内空气，而玻璃或透明塑料薄膜又可以不让室内的热空气向外散发，使室内的温度保持高于外界的状态，以提供有利于植物快速生长的条件。之所以称这一效应为温室效应，亦与此原理有关。

❀ [海洋]

❀ 温室效应导致亚马逊雨林逐渐消失：号称地球之肺的亚马逊雨林涵盖了地球表面 5% 的面积，制造了全世界 20% 的氧气及 30% 的生物物种，由于遭到盗伐和滥垦，亚马逊雨林正以每年近 2 万平方千米的面积消退，相当于一个新泽西州的大小，雨林的消退除了会让全球暖化加剧之外，更让许多只能够生存在雨林内的生物，面临灭种的危机，在过去的 40 年，亚马逊雨林已经消失了两成。

科学家分析表明：无论是从海洋上层到海面下 700 米，还是从海面下 700 米到海面下 2000 米都在接受着加倍的热输入，在 1990 年后尤为突出。从 1991—2015 年，海洋热含量已经翻了 4 倍。

这个数字令人担忧，为了应对温度的升高，目前海洋中的水母、海鸟和浮游生物已经开始迁往较冷的极地，移动幅度达到纬度 10 度。而没有转移的生物，比如海龟，也在接受着高温的影响，因为温度升高可能会改变未来海龟的性别比例，因为高温多孵出母龟。另外，温度越高，微生物的繁殖能力就越强，它们会与生物抢夺海洋资源……

这些温室现象，似乎又走入了一次生物灭绝前期的状况，想想泥盆纪生物灭绝的原因，如今的状况是否很像？

海洋温度升高曾导致了地球历史上的一次生物大灭绝，而如今的海水又开始升温了，人类能够做的是眼睁睁地看着海水温度继续上升，还是该做点有利于自救的事呢？

❀ 温室效应导致南极冰盖融化，大量淡水注入海洋，海水浓度降低。之后，便是大洋传送带逐渐停止工作，暖流与寒流无法交换，全球温度降低，新的冰川时代即将来临。

Land Strike